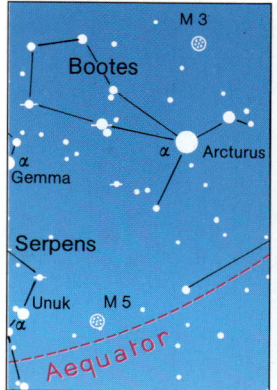

Günter D. Roth

Sterne und Sternbilder

Die wichtigsten Sternbilder des Nord- und Südhimmels

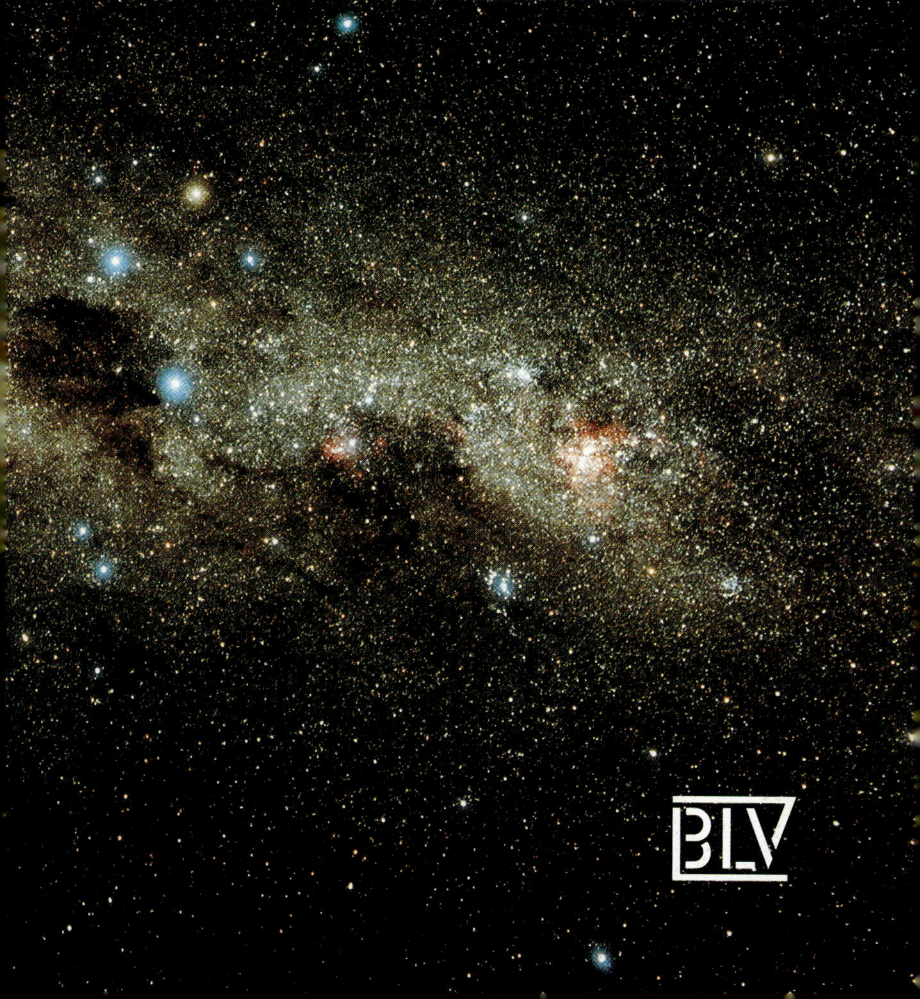

Die Deutsche Bibliothek –
CIP-Einheitsaufnahme

Roth, Günter D.:
Sterne und Sternbilder : die wichtigsten
Sternbilder des Nord- und Südhimmels /
Günter D. Roth. – 6. Aufl., –
München ; Wien ; Zürich : BLV, 1998
  (BLV-Naturführer)
  ISBN 3-405-15114-7

BLV Verlagsgesellschaft mbH
München Wien Zürich
80797 München

6. Auflage

BLV Naturführer

Lektorat: Dr. Friedrich Kögel
Satz und Druck: Appl, Wemding
Bindung: Auer, Donauwörth
Umschlaggestaltung: Studio Schübel,
München

Gedruckt auf chlorfrei gebleichtem Papier

Printed in Germany · ISBN 3-405-15114-7

Inhalt

Erklärung der auf den Sternkarten verwendeten Symbole:

Z = Zenit,   N = Himmelsnordpol,
S = Himmelssüdpol.
Karten und Beschreibungen sind angeordnet nach Breitengraden und innerhalb dieser gegliedert nach Monaten und Uhrzeiten. Zu jeder Sternkarte werden ein »ausgewähltes Sternbild« sowie ein »Objekt für den Feldstecher und das kleine Fernrohr« vorgestellt, die auf der linken Randspalte als Grafik bzw. Foto abgebildet sind.

Größenklassen der Sterne

	Doppel-stern	veränder-licher Stern	Doppel- u. veränder-licher Stern	offener Stern-haufen	Kugel-stern-haufen	Nebel

$0^m.0$ $1^m.0$ $2^m.0$ $3^m.0$ $4^m.0$ $5^m.0$

Einführung

Warum gehen in jeder Nacht Sterne auf und unter?

Ursache dafür ist die tägliche Achsendrehung der Erde. Nord- und Südpol sind die beiden Punkte der Erdachse, die mit der Oberfläche der Erde zusammentreffen. Das läßt sich gedanklich in den Weltraum übertragen: die Erdachse wird zur Achse der Himmelskugel mit Himmelsnordpol und Himmelssüdpol. Es sind die beiden Drehpunkte, um die die Sterne ihre scheinbare tägliche Bewegung vollführen.

▷ Von einem Beobachtungsort auf der Erde aus ist immer nur ein Himmelspol über dem Horizont. Am Erdäquator sind beide Himmelspole auf dem Horizont. Von der Nordhemisphäre der Erde aus kann der Himmelsnordpol beobachtet werden; von der Südhemisphäre der Erde der Himmelssüdpol.

▷ Auf der Nordhemisphäre der Erde entspricht der Drehsinn der Sternbewegung einer Bewegung von links nach rechts (von Ost nach West bei Blickrichtung Süd). Auf der Südhemisphäre der Erde entspricht der Drehsinn der Sternbewegung einer Bewegung von rechts nach links (von Ost nach West bei Blickrichtung Nord). Am Erdäquator gehen alle Sterne senkrecht zum Horizont auf. Je weiter sich der Beobachter vom Erdäquator entfernt, um so flacher wird der Winkel, den die Sterne beim Auf- und Untergang mit dem Horizont bilden. Am Nord- oder Südpol der Erde bewegen sich alle sichtbaren Sterne in Kreisen parallel zum Horizont.

Zur Ortsbestimmung auf der Erde und am Himmel dient das äquatoriale Gradnetz:

Geographische Breite und Länge auf der Erde, Deklination und Rektaszension am Himmel.
Der Himmelsäquator trennt, wie der Erdäquator, die nördliche Himmelssphäre von der südlichen. Der Himmelsäquator steht, genauso wie der Erdäquator, um jeweils $90°$ vom Himmelsnordpol und vom Himmelssüdpol ab.

▷ Auf dem Erdäquator werden alle Sterne für den Beobachter einmal sichtbar. Sterne, die auf dem Himmelsäquator stehen, bezeichnet man als Äquatorsterne. Das sind Sterne, die von allen Orten der Erde aus gesehen werden können (s. Seite 30).

Warum ändert sich der Anblick des Sternenhimmels im Verlauf eines Jahres?

Ursache dafür ist die jährliche Bewegung der Erde um die Sonne. Während dieses Jahreslaufs der Erde um die Sonne bewegt sich die Sonne für den Beobachter auf der Erde durch die Sternbilder des Tierkreises: Aries (Widder), Taurus (Stier), Gemini (Zwillinge), Cancer (Krebs), Leo (Löwe), Virgo (Jungfrau), Libra (Waage), Scorpius (Skorpion), Sagittarius (Schütze), Capricornus (Steinbock), Aquarius (Wassermann), Pisces (Fische).

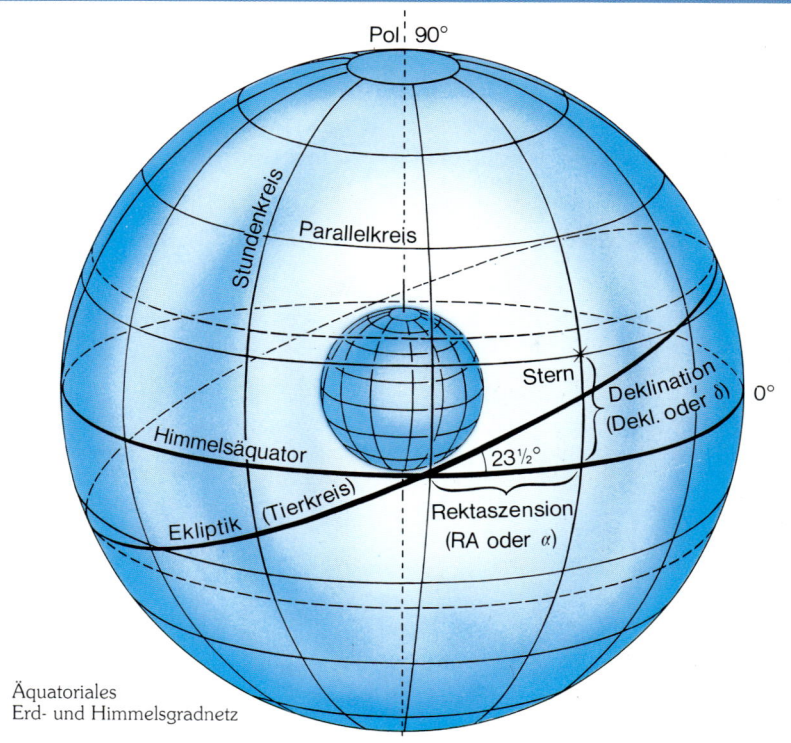

Äquatoriales
Erd- und Himmelsgradnetz

Dieser scheinbare Lauf der Sonne im Jahr erfolgt auf einem Kreis, der zum Himmelsäquator um 23½° geneigt ist. Er heißt Ekliptik. Von der Erde aus sind diejenigen Sterne, die unmittelbar in Richtung zur Sonne oder nicht zu weit davon entfernt stehen, eine Zeitlang unsichtbar.

▷ Im Bereich der Ekliptik bewegen sich der Mond und alle Planeten. Der Grund dafür ist die geringe Neigung der Bahnebenen dieser Himmelskörper gegen die Bahnebene der Erde.

Im Vergleich zu den Fixsternen, die Jahr für Jahr am Himmel in gleichen Konstellationen erscheinen, weil ihre Eigenbewegung nur mit Hilfe astronomischer Meßgeräte nachweisbar

ist, ist die Bewegung des Mondes und der Planeten nicht zu übersehen. Jedes Jahr ergeben sich neue Stellungen am Himmel. Astronomische Jahrbücher (s. Seite 125) informieren über die oft interessanten Bewegungen und Konstellationen dieser Himmelskörper.

▷ Jährliche Bewegung der Erde um die Sonne und Schrägstellung der Erdachse zur Erdbahnebene bewirken die Jahreszeiten (Frühling, Sommer, Herbst, Winter). Die Jahreszeiten sind auf der Nordhemisphäre der Erde entgegengesetzt denjenigen auf der Südhemisphäre (Sommer in Europa entspricht Winter in Südamerika, usw.).

7

Warum ist die Sichtbarkeit der Sterne abhängig von der geographischen Breite?

Beobachtungsorte, die auf dem gleichen Breitenkreis liegen, bieten den gleichen Anblick des Himmels. Lediglich ist die Beobachtungszeit während einer Erdumdrehung verschieden (s. Seite 10).

Die Lage des Horizonts ist jedoch an Beobachtungsorten verschiedener geographischer Breite unterschiedlich. Ursache dafür ist die Kugelgestalt der Erde (genaugenommen ist die Erde ein Rotationsellipsoid). Der Anblick des Sternhimmels ändert sich also mit der geographischen Breite des Beobachtungsortes.

▷ Die beiden Himmelspole liegen immer 180° gegenüber. Am Beobachtungsort entspricht die Nord-Süd-Richtung der Richtung des Längenkreises.

▷ Am Beobachtungsort entspricht der Ostpunkt immer dem Aufgangspunkt eines Äquatorsterns.

Der Westpunkt entspricht dem Untergangspunkt eines Äquatorsterns (s. Seite 30).

▷ Die Höhe des an einem Beobachtungsort sichtbaren Himmelspols (Polhöhe) ist stets gleich der geographischen Breite (z.B. in 60° Nordbreite steht der Himmelsnordpol 60° hoch über dem Nordhorizont).

▷ Wächst die Polhöhe, flacht der Himmelsäquator zum Horizont hin ab. Schrumpft die Polhöhe, wächst der Himmelsäquator gegenüber dem Horizont. Die beiden Extreme: am Nord- bzw. Südpol der Erde ist der Himmelspol 90° hoch und der Himmelsäquator liegt auf dem Horizont. Am Erdäquator ist der Himmelsäquator 90° hoch, und die beiden Himmelspole liegen auf dem Horizont.

▷ Der Punkt senkrecht über dem Beobachter ist der Scheitelpunkt oder Zenit. In allen Karten (Seite 39 bis Seite 109) mit »Z« gekennzeichnet.

Geographische Breite und Sichtbarkeit der Sterne

Am Nordpol/Südpol		
Immer sichtbare Sterne 50%	Auf- und untergehende Sterne 0%	Immer unsichtbare Sterne 50%
45° Nordbreite/Südbreite		
Immer sichtbare Sterne 15%	Auf- und untergehende Sterne 70%	Immer unsichtbare Sterne 15%
Am Erdäquator		
Immer sichtbare Sterne 0%	Auf- und untergehende Sterne 100%	Immer unsichtbare Sterne 0%

Sieht man einmal von den besonderen Verhältnissen am Nord- und Südpol der Erde ab, befindet sich der Himmelsäquator an jedem Beobachtungsort auf der Erde zu einer Hälfte über dem Horizont und zur anderen Hälfte unter dem Horizont. Äquatorsterne bleiben deshalb genau eine halbe Erdumdrehung über dem Horizont und eine halbe Erdumdrehung unter dem Horizont.

▷ Derjenige Himmelspol ist der »obere«, der sich an einem Beobachtungsort über dem Horizont befindet.

▷ Derjenige Himmelspol ist der »untere«, der sich an einem Beobachtungsort unter dem Horizont befindet.

Für den Beobachter wichtig ist, daß alle Sterne zwischen dem oberen Himmelspol und dem Himmelsäquator länger als eine halbe Erddrehung (12 Stunden) über dem Horizont sichtbar sind. Weiter ist zu beachten, daß alle Sterne zwischen dem Himmelsäquator und dem unteren Himmelspol kürzer als eine halbe Erddrehung über dem Horizont erscheinen.

Astronomen sprechen von Oberläufigkeit der Sterne und meinen damit diejenigen, die am Beobachtungsort Bahnen über dem Horizont haben. Nur sie sind sichtbar. Während der Unterläufigkeit der Sterne sind sie unsichtbar. Nun gibt es bestimmte Stellen am Himmel, wo sich die Bahnen der Sterne ständig über dem Horizont am Beobachtungsort befinden. Es sind die sogenannten zirkumpolaren Sterne (»Zirkumpolarsterne«), deren Bahnen um die oberen Himmelspol verlaufen. Die Sterne sind die ganze Nacht über am Beobachtungsort zu sehen. Es gibt auch Zirkumpolarsterne, deren Bahnen um den unteren Himmelspol verlaufen. Sie sind am Beobachtungsort niemals zu sehen. Wie unterschiedlich Sterne in verschiedenen geographischen Breiten sichtbar sind, macht die Übersicht Seite 8 deutlich.

Jeder auf- und untergehende Stern und jeder zirkumpolare Stern mit Bahn um den oberen Himmelspol erreicht einmal einen höchsten Stand am Himmel. Man spricht dann von der Kulmination des Sterns. Der Stern steht bei der Kulmination im Meridian.

▷ Jeder Beobachtungsort hat seinen Meridian, der als Bogen den Himmelsnordpol über den Scheitelpunkt (Zenit) mit dem Südpol verbindet.

An einem bestimmten Beobachtungsort hat jeder Stern eine feste Kulminationshöhe. Die Kulmination erfolgt immer wieder nach einer Erddrehung. Alle Sterne gleicher Rektaszension (s. Seite 7) erreichen ihren höchsten Stand am Himmel für alle Beobachtungsorte gleicher geographischer Breite. Dabei sind die Höhen, die die einzelnen Sterne erreichen, unterschiedlich.

Die Zeit und die Beobachtung der Sterne

Die Basis für die Bestimmung der Zeit ist einmal die tägliche Drehung der Erde, zum anderen der Umlauf der Erde um die Sonne. Uns interessiert hier die Zeit für Beobachtungsorte mit verschiedener geographischer Länge. Genaugenommen hat jeder Beobachtungsort seine Ortszeit. Beobachtungsorte gleicher geographischer Länge haben immer die gleiche Zeit.

Nullpunkt der geographischen Länge ist der Längenkreis von Greenwich (England). Wenn es auf dem Längenkreis von Greenwich 12 Uhr ist, zeigen die Uhren 15 Grad östlich von Greenwich 13 Uhr und 15 Grad westlich 11 Uhr. Die Ortszeiten auf verschiedenen Längenkreisen weichen gegenüber Greenwich alle 15° um eine Stunde ab.

▷ Östlich von Greenwich ist es »später«, westlich von Greenwich »früher«. Wer von Ost nach West um die Erde wandert, verliert auf je 15° Längenunterschied eine Stunde. Umgekehrt: Die gleiche Wanderung in östlicher Richtung bringt je 15° eine Stunde Gewinn.

Bei 180° Längenunterschied gegen Greenwich weicht das Datum um einen Tag ab. Man spricht auch von der »Datumsgrenze« auf dieser Linie. Wer die Datumsgrenze von Osten nach Westen überschreitet, muß einen Tag auslassen. Umgekehrt: Beim Überschreiten von West nach Ost ist ein Tag doppelt zu zählen.

Im Alltag haben sich Zonenzeiten oder Normalzeiten eingebürgert, weil von Ort zu Ort abweichende Ortszeiten unpraktisch sind.

▷ Die Zonenzeiten unterscheiden sich von der mittleren Greenwicher Zeit um volle Stunden. Einige Beispiele nennt die Tabelle unten.

▷ Wenn es in diesem Buch heißt »Der Sternhimmel Anfang Februar 20 Uhr« (s. z. B. Seite 38), ist immer MOZ (Mittlere Ortszeit) gemeint. Jeder Beobachter muß um volle Stunden auf die für seinen Ort gültige Normalzeit (Zonenzeit) umrechnen, d. h. entsprechend viele Stunden dazuzählen oder abziehen.

Mehr über Sterntag, Beziehung zwischen Sternzeit und mittlerer Zeit findet der interessierte Leser im »Handbuch für Sternfreunde« (s. Literaturverzeichnis Seite 124).

▷ In Ländern, die die Sommerzeit eingeführt haben, muß zur Normalzeit (Zonenzeit) in der Regel eine Stunde hinzugezählt werden. Die Mitteleuropäische Sommerzeit (MESZ) beginnt Ende März und endet Ende Oktober. Mitteleuropäische Zeit (MEZ) plus eine Stunde = Mitteleuropäische Sommerzeit (MESZ). Der Zweck dieser willkürlichen Veränderung der Zonenzeit um eine Stunde ist ökonomisch begründet (Energieeinsparung).

Die Dämmerung und »Weiße Nächte«

In seiner ganzen Pracht ist der Sternhimmel nur zu sehen, wenn es richtig dunkel ist. Richtig dunkel heißt:

Ausgewählte Zonenzeiten

Mittlere Greenwicher Zeit (MGZ)	= Westeuropäische Zeit (WEZ)
Mitteleuropäische Zeit	= MGZ + 1 Stunde
Osteuropäische Zeit	= MGZ + 2 Stunden
Atlantic Standard Time	= MGZ − 4 Stunden
Pacific Standard Time	= MGZ − 8 Stunden

die Sonne muß genügend tief unter dem Horizont stehen und selbstverständlich darf auch der Mond nicht scheinen. Sehen wir einmal vom Mondschein ab, spielt der Sonnenstand am Beobachtungsort die Hauptrolle.

Man unterscheidet zwischen bürgerlicher und astronomischer Dämmerung:

Bürgerliche Dämmerung Die Sonne steht 6° unter dem Horizont, und ohne Lampe kann man nicht mehr lesen.

Astronomische Dämmerung Die Sonne steht 18° unter dem Horizont, und alle Sterne bis zur 5. Größenklasse sind sichtbar.

Der für Sternbeobachtungen brauchbare Teil der Nacht reicht genau genommen nur vom Ende der astronomischen Abenddämmerung bis zum Beginn der astronomischen Morgendämmerung.

Nicht zu allen Zeiten wird in allen geographischen Breiten die »dunkle Nacht« erreicht. Vor allem zu den Zeiten der Sommersonnenwende ist die mitternächtliche Tiefe des Sonnenstandes unter dem Horizont zu gering. An den Polen geht die Sonne überhaupt nicht unter (»Mitternachtssonne«). Wie es zur Zeit der Sommersonnenwende in den verschiedenen geographischen Breiten weltweit aussieht, ist aus der Tabelle unten ersichtlich.

In den Wochen vor und nach der Sommersonnenwende herrschen daher in mittleren Breiten die »Weißen Nächte«, die Sternbeobachtungen sehr einschränken. Je näher der Beobachtungsort zum Pol steht, um so heller ist der Himmel dann auch um Mitternacht.

In nördlichen Breiten sind die »Weißen Nächte« viel auffälliger, weil das bewohnte Festland weiter nach Norden reicht als vergleichsweise auf der Südhalbkugel der Erde. Etwa zwischen 48° Nordbreite und 48° Südbreite wird das ganze Jahr über nach der Dämmerung die dunkle Nacht erreicht. Damit ist die Möglichkeit gegeben, die Sterne uneingeschränkt wahrzunehmen.

▷ Sommersonnenwende ist auf der Nordhalbkugel der Erde am 21. Juni, auf der Südhalbkugel am 22. Dezember.

Die Sterne, ihre Namen, ihre Helligkeit

Die Sternkarten in diesem BLV Naturführer markieren in jedem Sternbild den Hauptstern mit der üblichen Bezeichnung durch kleine griechische Buchstaben (z.B. α Lyrae = Alpha im Sternbild Leier). Ist für diesen Stern auch ein Eigenname (meist arabischer Herkunft) bekannt, steht er mit dabei (α Lyrae heißt z.B. Wega). Die kleinen griechischen

Geographische Breite und Mitternachtslichtzonen zur Sommersonnenwende

Polabwärts bis 66,5° Breite	= taghell
66,5° bis 60,5° Breite	= bürgerliche Dämmerung
60,5° bis 48,5° Breite	= astronomische Dämmerung
48,5° bis Erdäquator	= dunkle Nacht

Buchstaben stehen in jedem Sternbild im allgemeinen in der Reihenfolge der Helligkeit der einzelnen Sterne. Nur 130 Sterne haben Eigennamen. Man findet sie hauptsächlich am Nordhimmel. Die Sternbilder, die die Orientierung am Himmel sehr erleichtern, sind babylonisch-griechischen Ursprungs. Jedenfalls soweit sie den Nordhimmel und die in Europa und im Orient sichtbaren Teile des Südhimmels betreffen. In den Sternbildern spiegelt sich das bildhafte Denken der Menschen des Altertums wider. Das Hauptmotiv ist dabei die Beherrschung der Tiere durch Menschen. Die erst in der Neuzeit durch die Entdeckungsfahrten bekannt gewordenen Sternbilder der südlichsten Teile des Südhimmels tragen zum Teil technische Namen. Für kulturgeschichtlich interessierte Leser sind im Literaturverzeichnis (s. Seite 124) einige Titel angegeben, die Sternbilder und Namen näher beschreiben. Sternansammlungen am Himmel und Ballungen kosmischer Materie sind recht gut auch schon mit bloßen Augen bzw. einem Feldstecher wahrzunehmen. Hellere Objekte dieser Art sind in die Sternkarten dieses BLV Naturführers eingezeichnet:
offene Sternhaufen,
kugelförmige Sternhaufen,
Spiralnebel und Gasnebel.
Näheres darüber siehe auch Seite 112. Sternhaufen und Nebel tragen Katalognummern. Die wichtigsten Objekte haben Nummern in der Liste von Messier (z. B. M 31 = Andromedanebel) oder im New General Catalogue (NGC 224 = Andromedanebel). Erscheint eine sogenannte IC-Nummer, handelt es sich um einen Nachtrag zum NGC.

Rund 100 Millionen Sterne zählt das System der Milchstraße, zu dem auch unser Sonnensystem gehört. Davon sehen wir mit bloßen Augen in klaren Nächten nur ein paar tausend. Manche der Sterne verändern in einem bestimmten Zeitabschnitt ihre Helligkeit. Es sind sogenannte »veränderliche Sterne«. Andere erscheinen doppelt und mehrfach (»Doppelsterne«).
Auch solche Sterne sind in den Sternkarten besonders markiert. Bereits sehr lange werden die unterschiedlichen Helligkeiten der Sterne nach Größenklassen eingeteilt. Die schwächsten Sterne, die in dunkler Nacht gerade noch zu erkennen sind, bekommen die 6. Größenklasse, die hellsten die 1. Größenklasse. Exakter ist die Angabe:
▷ Ein Stern 1. Größenklasse ist 100mal so hell wie ein Stern der 6. Größenklasse.
Etwa um das 2,5fache legt der Stern einer helleren Größenklasse gegenüber der nachfolgenden, schwächeren Größenklasse zu. Es gibt Sterne, die heller als die 1. Größenklasse sind. Deshalb wird die Einteilung über 0^m nach -1^m und weiter fortgeführt. Das kleine »m« bedeutet magnitudo, kommt aus dem Lateinischen und heißt soviel wie Größe. Objekte am Himmel mit Helligkeiten von -1^m oder -2^m sind vor allem Planeten. Sterne mit dem Minus als Vorzeichen gibt es am ganzen Himmel lediglich vier; der hellste ist Sirius ($-1^m.45$), gefolgt von Canopus ($-0^m.7$). Beide sind Sterne des Südhimmels.
Die hier angegebenen Helligkeiten sagen nichts aus über die wahre Leuchtkraft der Sterne, weil die Entfernungen der einzelnen Sterne sehr

unterschiedlich sind. Deshalb werden diese Helligkeiten auch als scheinbare Helligkeiten bezeichnet. In Katalogen wird auch der Spektralbereich angegeben, in dem sie gewonnen wurden.

Optische Hilfsmittel: Feldstecher und Fernrohr

Feldstecher sind heute in vielen Familien zur Hand. Die lichtsammelnde Wirkung ist oft erstaunlich und die binokulare Beobachtung, also mit beiden Augen gleichzeitig, immer bequem. Der Feldstecher ist handlich und kann wegen der erzeugten aufrechten Bilder auch für Erdbeobachtungen verwendet werden. Auf den Gehäusen der Feldstecher stehen Bezeichnungen wie z. B. 11 × 80, 14 × 60 oder 7 × 50. Die erste Zahl gibt die Vergrößerung an, die zweite den Objektivdurchmesser in Millimeter. Teilt man die zweite Zahl durch die erste, ergibt das den Durchmesser der Austrittspupille.

Wer wählen sollte für Sternbeobachtungen einen Feldstecher anstreben, der im Handel als Jagd-, Nacht- oder Marineglas gekennzeichnet ist. In der Regel sind das Feldstecher mit Vergrößerungen zwischen 10- und 15fach und mit Objektivdurchmessern zwischen 40 und 80 mm. Für astronomische Beobachtungen geeignet sind z. B. die Feldstecher Fujinon FMT-SX 16×70, Leica 10×42 oder Zeiss 15×60.

Auf die optische Leistung des Feldstechers macht H. Nicklas im »Handbuch für Sternfreunde« aufmerksam: »So ist der Sprung vom bloßen Auge zur Feldstecherbeobachtung gleichbedeutend dem Übergang vom Feldstecher zu einem 35-cm-Teleskop.«

▷ Der Feldstecher ist kein Fernrohr für kleine Details und hohe Vergrößerungen. Für Sternfelder und die Milchstraße ist er das richtige Instrument.

Dem Freihandgebrauch sind Grenzen gesetzt. Wer länger beobachten will, sollte ein Stativ verwenden. Bequem sind auch Ferngläser mit einem Anti-Verwacklungssystem, z. B. Canon 12×36 IS.

Der nächste »optische« Schritt führt zum astronomischen Fernrohr:

1. dem Refraktor (Linsenfernrohr) oder
2. dem Reflektor (Spiegelfernrohr).

Recht vielseitig anwendbar sind kleine Refraktoren mit Öffnungen zwischen 60 und 100 mm und Spiegelfernrohre nach Newton mit Öffnungen zwischen 150 und 200 mm (s. auch S. 111). In den letzten Jahren haben sich die kompakten Spiegellinsenfernrohre durchgesetzt. Bewährte Markenfernrohre liefern u. a. Celestron, Kosmos, Lichtenknecker, Meade, Pentax, Vixen und Zeiss. Über aktuelle Neuheiten unterrichtet die astronomische Monatsschrift »Sterne und Weltraum«.

▷ Je größer die Öffnung eines Fernrohrs wird, um so mehr wird es ortsabhängig. Das Fernrohr verlangt eine solide Montierung und eine feste Aufstellung im Garten, auf dem Balkon oder auf dem Dach.

Für die Beschäftigung mit der Himmelskunde und für den Aufbau einer astronomischen Beobachtungsstation findet der Interessierte auf dem Büchermarkt Handbücher und Spezialveröffentlichungen.

Näheres s. Literatur Seite 124.

Orientierung nach dem nördlichen Himmelspol im Frühjahr

Helligkeit und Anordnung seiner Sterne machen das Sternbild Ursa Maior (Großer Bär, Großer Wagen) zum markantesten Sternbild am Nordhimmel. Ungewöhnlich am »Himmelswagen« ist, daß er bei der scheinbaren täglichen Bewegung der Sterne (Ursache: Rotation der Erde!) rückwärts fährt. Erst längeres Beobachten während einer Nacht macht das deutlich.

Nachtwege des Sternbilds Ursa Maior (Großer Bär, Großer Wagen) zu Beginn des Frühjahrs (März). 7 helle Sterne, die »Deichsel« und »Wagen« erkennen lassen, sind für Beobachter in Nordbreiten sehr einprägsam:

Deichselsterne: η Ursae Maioris (arab. Benetnasch), ζ Ursae Maioris (arab. Mizar), ε Ursae Maioris (arab. Alioth).

Wagensterne: δ Ursae Maioris (arab. Megrez), γ Ursae Maioris (arab. Phekda), α Ursae Maioris (arab. Dubhe), β Ursae Maioris (arab. Merak).

Nebenstehende Zeichnung entspricht der Sichtbarkeit in 50° Nordbreite (= geographische Breite von Irkutsk, Berlin, Brüssel, London, Winnipeg).

Ab 40° Nordbreite (= geographische Breite von Taschkent, Istanbul, Madrid, Azoren, New York) und höher ist das Sternbild zirkumpolar, d. h. es geht nicht unter den Horizont und ist so die ganze Nacht über zu allen Jahreszeiten sichtbar.

Anfang März 20 Uhr In 50° Nordbreite findet der Beobachter das Sternbild am Nordosthimmel.

Die Deichselsterne sind auf den Nordosthorizont gerichtet. Stern Benetnasch steht am tiefsten.

Anfang März 24 Uhr (= Mitte März 23 Uhr): In 50° Nordbreite sucht der Beobachter das Sternbild hoch am Himmel. Es steht fast im Zenit. Die Deichselsterne weisen nach Südosten in Richtung auf den Hauptstern Arktur im Sternbild Bootes. Die Hinterachse des Wagens mit den Sternen Merak und Dubhe liegt etwa auf der Nord-Süd-Linie (Meridian) am Beobachtungsort. Die Orientierung zum Himmelsnordpol ist jetzt besonders einfach.

Anfang März 4 Uhr (= Mitte März 3 Uhr): Das Sternbild steht 50° Nordbreite hoch am Nordwesthimmel. Sucht man den Polarstern, muß man die Hinterachse des Wagens mit den Sternen Merak und Dubhe jetzt etwa 5mal nach Nordosten verlängern.

Aufsuchen des Himmelsnordpols (Polarstern)

Die Hinterachse des Wagens mit den Sternen Merak und Dubhe 5mal gerade über Dubhe hinaus verlängern. Das führt den Beobachter zum Polarstern (Hauptstern des Sternbilds Ursa Minor = Kleiner Bär) in unmittelbarer Nähe des Himmelsnordpols.

Orientierung im Gelände

An jedem Ort mit nördlicher Breite findet der Beobachter den Himmelsnordpol, optisch hervorgehoben durch den Polarstern, stets unveränderlich über dem Nordpunkt des Horizonts. Dabei entspricht die Höhe des Himmelsnordpols der geographischen Breite des Beobachtungsorts.

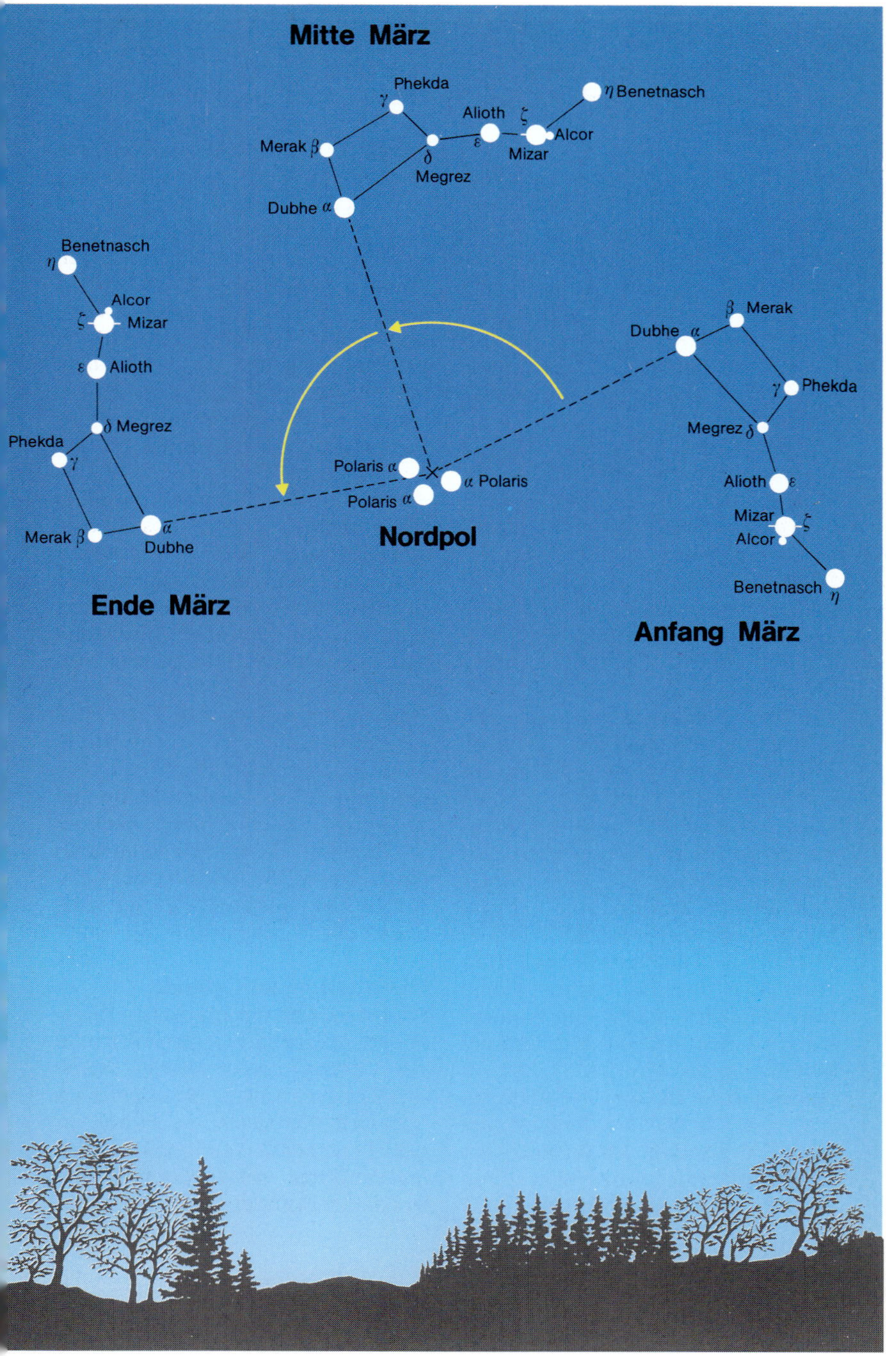

Mitte März

Phekda
γ
Merak β
δ
Megrez
Alioth ε ζ
Mizar
Alcor
η Benetnasch

Dubhe α

Benetnasch
η
Alcor
ζ Mizar
ε Alioth
δ Megrez
Phekda
γ
Merak β
α Dubhe

Polaris α
Polaris α
α Polaris
Nordpol

Ende März

β Merak
Dubhe α
γ Phekda
Megrez δ
Alioth ε
Mizar ζ
Alcor
Benetnasch η

Anfang März

Orientierung nach dem nördlichen Himmelspol im Sommer

Nachtwege des Sternbilds Ursa Maior (Großer Bär, Großer Wagen) zu Beginn des Sommers (Juni). 7 helle Sterne, die »Deichsel« und »Wagen« erkennen lassen, sind für Beobachter in Nordbreiten sehr einprägsam:

Deichselsterne: η Ursae Maioris (arab. Benetnasch), ζ Ursae Maioris (arab. Mizar), ε Ursae Maioris (arab. Alioth).

Wagensterne: δ Ursae Maioris (arab. Megrez), γ Ursae Maioris (arab. Phekda), α Ursae Maioris (arab. Dubhe), β Ursae Maioris (arab. Merak).

Nebenstehende Zeichnung entspricht der Sichtbarkeit in 50° Nordbreite (= geographische Breite von Irkutsk, Berlin, Brüssel, London, Winnipeg).

Ab 40° Nordbreite (= geographische Breite von Taschkent, Istanbul, Madrid, Azoren, New York) ist das Sternbild zirkumpolar, d. h. es geht nicht unter den Horizont und ist so die ganze Nacht über zu allen Jahreszeiten sichtbar.

Anfang Juni 20 Uhr In 50° Nordbreite steht das Sternbild in seiner höchsten Stellung am Himmel, senkrecht über dem Beobachter (Zenithöhe). Freilich macht der Sonnenstand (s. Seite 10) die Beobachtungen unmöglich.

Anfang Juni 24 Uhr (= Mitte Juni 23 Uhr): In 50° Nordbreite findet man den Großen Wagen hoch am Nordwesthimmel. Die Hinterachse des Wagens mit den Sternen Merak und Dubhe liegt etwa auf der Ost-West-Linie am Beobachtungsort. Im Juni herrscht in 50° Nordbreite um die Zeit der Sommersonnenwende auch um Mitternacht die astronomische Dämmerung (s. Seite 11). Die hellen Wagensterne sind aber sichtbar.

Anfang Juni 4 Uhr (= Mitte Juni 3 Uhr): Das Sternbild steht tief im Nordwesten. Die Deichselsterne weisen nach Westen, die Hinterachse mit Dubhe nach Südosten. Wegen des Sonnenstands (s. Seite 11) keine Beobachtungsmöglichkeit.

Aufsuchen des Himmelsnordpols (Polarstern)

Die Hinterachse des Wagens mit den Sternen Merak und Dubhe ungefähr 5mal gerade über Dubhe hinaus verlängern. Das führt den Beobachter zum Polarstern (Hauptstern des Sternbilds Ursa Minor = Kleiner Bär) in unmittelbarer Nähe des Himmelsnordpols.

Hinweis: Dem Sternbild Großer Bär in bezug auf den Polarstern gegenüber steht das Sternbild Cassiopeia (s. Seite 48). Dieses Sternbild bildet ein typisches W und ist gut erkennbar. Es kann auch als Hilfe zum Auffinden des Polarsterns dienen.

Orientierung im Gelände

An jedem Ort mit nördlicher Breite findet der Beobachter den Himmelspol, optisch hervorgehoben durch den Polarstern, stets unveränderlich über dem Nordpunkt des Horizonts. Dabei entspricht die Höhe des Himmelsnordpols der geographischen Breite des Beobachtungsorts.

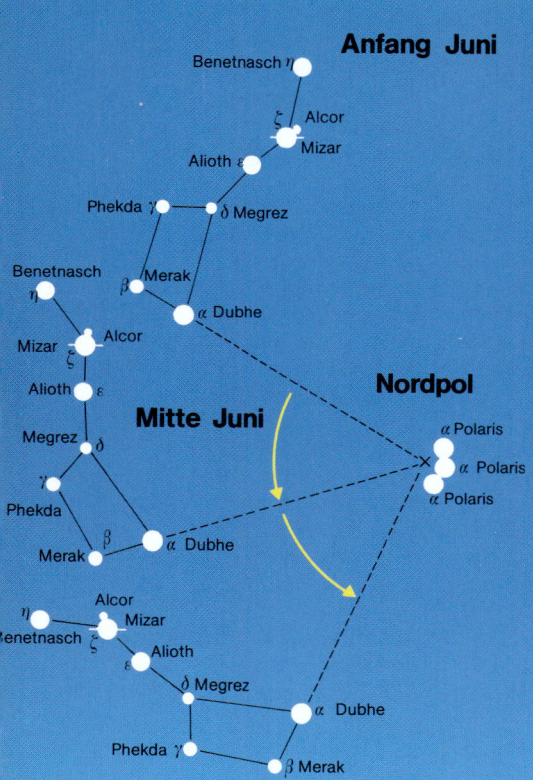

Anfang Juni

Benetnasch η
ζ Alcor
Mizar
Alioth ε
Phekda γ
δ Megrez
Benetnasch η
β Merak
α Dubhe
Mizar
ζ Alcor
Alioth ε
Mitte Juni
Megrez δ
γ
Phekda
β
Merak
α Dubhe

Nordpol
α Polaris
α Polaris
α Polaris

η
Alcor
Mizar
Benetnasch ζ
ε Alioth
δ Megrez
α Dubhe
Phekda γ
β Merak

Ende Juni

Orientierung nach dem nördlichen Himmelspol im Herbst

Helligkeit und Anordnung seiner Sterne machen das Sternbild Ursa Maior (Großer Bär, Großer Wagen) zum markantesten Sternbild am Nordhimmel. Ungewöhnlich am »Himmelswagen« ist, daß er bei der scheinbaren täglichen Bewegung der Sterne (Ursache: Rotation der Erde!) rückwärts fährt. Erst längeres Beobachten während einer Nacht macht das deutlich.

Nachtwege des Sternbilds Ursa Maior (Großer Bär, Großer Wagen) zu Beginn des Herbstes (September). Sieben helle Sterne, die »Deichsel« und »Wagen« erkennen lassen, sind für Beobachter in Nordbreiten sehr einprägsam:

> Deichselsterne: η Ursae Maioris (arab. Benetnasch), ζ Ursae Maioris (arab. Mizar), ε Ursae Maioris (arab. Alioth).
>
> Wagensterne: δ Ursae Maioris (arab. Megrez), γ Ursae Maioris (arab. Phekda), α Ursae Maioris (arab. Dubhe), β Ursae Maioris (arab. Merak).

Nebenstehende Zeichnung entspricht der Sichtbarkeit in 50° Nordbreite (= geographische Breite von Irkutsk, Berlin, Brüssel, London, Winnipeg).

Ab 40° Nordbreite (= geographische Breite von Taschkent, Istanbul, Madrid, Azoren, New York) und höher ist das Sternbild zirkumpolar, d. h. es geht nicht unter den Horizont und ist somit die ganze Nacht über zu allen Jahreszeiten sichtbar.

Anfang September 20 Uhr In 50° Nordbreite steht das Sternbild am Nordwesthimmel. Dem Horizont am nächsten befinden sich die Wagensterne. Die Hinterachssterne Merak und Dubhe weisen über Dubhe hinaus verlängert nach Südosten.

Anfang September 24 Uhr (= Mitte September 23 Uhr): In 50° Nordbreite muß der Beobachter das Sternbild tief über dem Nordhorizont suchen. Die Hinterachse des Wagens, Polarstern, Zenit und Südpunkt bilden eine Gerade.

Anfang September 4 Uhr (= Mitte September 3 Uhr): In 50° Nordbreite findet man das Sternbild am nordöstlichen Himmel. Die Deichsel weist nach Norden.

Aufsuchen des Himmelsnordpols (Polarstern)

Die Hinterachse des Wagens mit den Sternen Merak und Dubhe 5mal gerade über Dubhe hinaus verlängern. Das führt den Beobachter zum Polarstern (Hauptstern des Sternbilds Ursa Minor = Kleiner Bär) in unmittelbarer Nähe des Himmelsnordpols.

Orientierung im Gelände

An jedem Ort mit nördlicher Breite findet der Beobachter den Himmelspol, optisch hervorgehoben durch den Polarstern, stets unveränderlich über dem Nordpunkt des Horizonts. Dabei entspricht die Höhe des Himmelsnordpols der geographischen Breite des Beobachtungsorts.

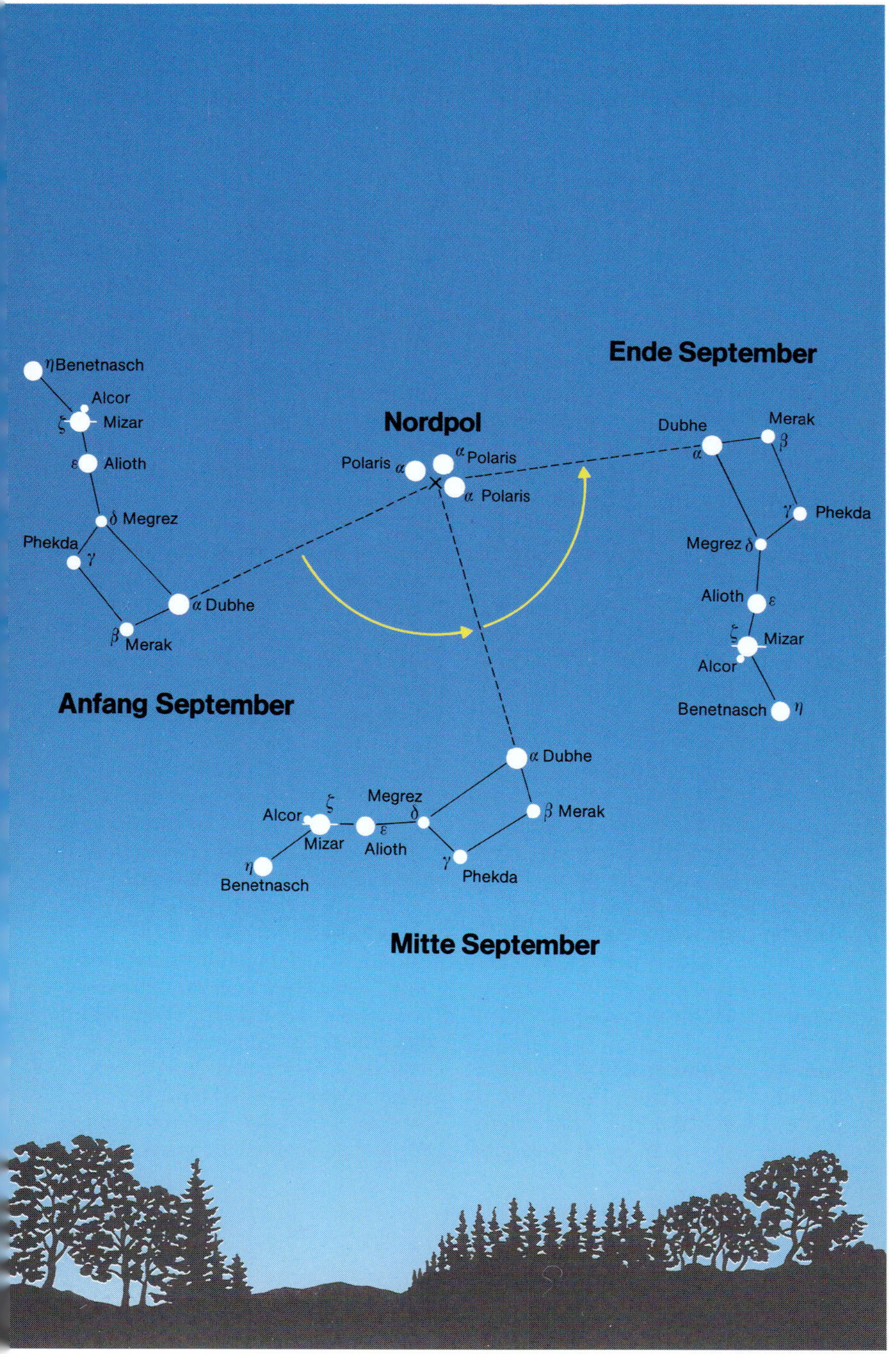

η Benetnasch

Alcor
ξ Mizar
ε Alioth
δ Megrez
Phekda
γ
β Merak
α Dubhe

Anfang September

Polaris α α Polaris
Nordpol
α Polaris

Ende September

Dubhe Merak
α β
γ Phekda
Megrez δ
Alioth ε
ξ Mizar
Alcor
Benetnasch η

α Dubhe
Megrez β Merak
δ
Alcor ξ
Mizar ε Alioth
η γ
Benetnasch Phekda

Mitte September

Orientierung nach dem nördlichen Himmelspol im Winter

Nachtwege des Sternbilds Ursa Maior (Großer Bär, Großer Wagen) zu Beginn des Winters (Dezember). 7 helle Sterne, die »Deichsel« und »Wagen« erkennen lassen, sind für Beobachter in Nordbreiten sehr einprägsam:

Deichselsterne: η Ursae Maioris (arab. Benetnasch), ζ Ursae Maioris (arab. Mizar), ε Ursae Maioris (arab. Alioth).

Wagensterne: δ Ursae Maioris (arab. Megrez), γ Ursae Maioris (arab. Phekda), α Ursae Maioris (arab. Dubhe), β Ursae Maioris (arab Merak).

Nebenstehende Zeichnung entspricht der Sichtbarkeit in 50° Nordbreite (geographische Breite von Irkutsk, Berlin, Brüssel, London, Winnipeg).

Ab 40° Nordbreite (= geographische Breite von Taschkent, Istanbul, Madrid, Azoren, New York) und höher ist das Sternbild zirkumpolar, d. h. es geht nicht unter den Horizont und ist somit die ganze Nacht über zu allen Jahreszeiten sichtbar.

Anfang Dezember 20 Uhr In 50° Nordbreite findet der Beobachter das Sternbild tief über dem Nordhorizont. Die Deichsel weist nach Nordwesten.

Anfang Dezember 24 Uhr (= Mitte Dezember 23 Uhr): In 50° Nordbreite beobachtet man das Sternbild am nordöstlichen Himmel. Die Deichsel weist auf den nordöstlichen Horizont. Die Hinterachssterne Merak und Dubhe sind über Dubhe hinaus verlängert nach Westen gerichtet.

Anfang Dezember 4 Uhr (= Mitte Dezember 3 Uhr): In 50° Nordbreite steht das Sternbild jetzt hoch am Osthimmel. Die Deichsel weist auf den hellen Stern Arktur im Sternbild Bootes, der über dem Osthorizont leuchtet. Die Hinterachssterne über Dubhe hinaus verlängert sich nordwestlich gerichtet.

Aufsuchen des Himmelsnordpols (Polarstern)

Die Hinterachse des Wagens mit den Sternen Merak und Dubhe 5mal gerade über Dubhe hinaus verlängern. Das führt den Beobachter zum Polarstern (Hauptstern des Sternbilds Ursa Minor = Kleiner Bär) in unmittelbarer Nähe des Himmelsnordpols. Hinweis: Dem Sternbild Großer Bär in bezug auf den Polarstern gegenüber steht das Sternbild Cassiopeia (s. Seite 48). Dieses Sternbild bildet ein typisches W und ist gut erkennbar. Es kann auch als Hilfe zum Auffinden des Polarsterns dienen.

Orientierung im Gelände

An jedem Ort mit nördlicher Breite findet der Beobachter den Himmelspol, optisch hervorgehoben durch den Polarstern, stets unveränderlich über dem Nordpunkt des Horizonts. Dabei entspricht die Höhe des Himmelsnordpols der geographischen Breite des Beobachtungsorts.

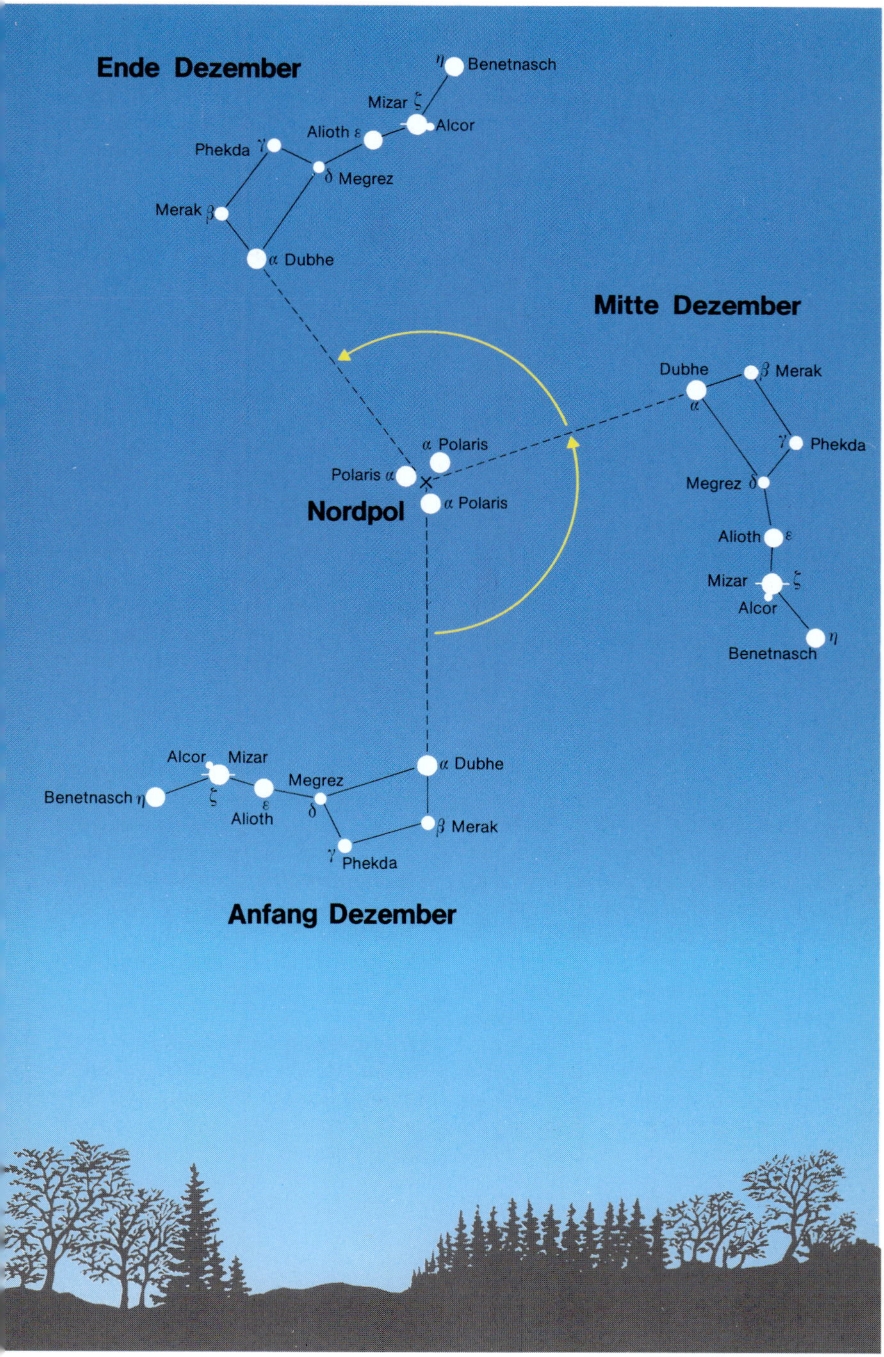

Ende Dezember

η Benetnasch

Mizar ξ
Alioth ε · Alcor
Phekda γ
δ Megrez
Merak β
α Dubhe

Mitte Dezember

Dubhe · β Merak
α
γ · Phekda
Megrez δ
Alioth ε
Mizar ζ
Alcor
η
Benetnasch

α Polaris
Polaris α · ✕
Nordpol α Polaris

α Dubhe
Alcor Mizar
ξ Megrez
Benetnasch η Alioth ε δ
β Merak
γ Phekda

Anfang Dezember

Orientierung nach dem südlichen Himmelspol im Frühjahr

Im Gegensatz zum Himmelsnordpol kennzeichnet kein heller Fixstern den Himmelssüdpol. Der Beobachter ist auf die geometrische Zuordnung benachbarter Sternbilder angewiesen.

Nachtwege der Sternbilder Crux (Kreuz des Südens) und Centaurus (Centaur) zu Beginn des Frühjahrs (September). 6 helle Sterne bilden eine einprägsame Konstellation, die der Beobachter zur Orientierung benützt:

> Sternbild Crux: α Crucis (Name: Acrux), β Crucis, γ Crucis, δ Crucis.

> Sternbild Centaurus: α Centauri (Name: Toliman), β Centauri (Name: Agena).

Nebenstehende Zeichnung entspricht der Sichtbarkeit in 40° Südbreite (= geographische Breite von Hastings auf Neuseeland, Gough-Island im Atlantischen Ozean, Valdivia in Chile). Etwa ab 40° Südbreite und höher sind diese 6 Sterne zirkumpolar, d. h. sie gehen nicht unter den Horizont und sind somit die ganze Nacht über zu allen Jahreszeiten sichtbar.

Anfang September 20 Uhr Die Gerade γ Crucis – α Crucis ist west-östlich gerichtet. Über γ Crucis hinaus weist sie nach Westen, über α Crucis hinaus nach Osten. Der helle Stern Achernar steht nahe dieser Strecke östlich des südlichen Himmelspols. Etwa in der Mitte der Strecke γ Crucis – Achernar sucht man den südlichen Himmelspol.

Anfang September 24 Uhr (= Mitte September 23 Uhr): In 40° Südbreite nähern sich Crux (Kreuz des Südens) und Centaurus (Centaur) der unteren Kulmination über dem Südhorizont. Beide Sternbilder sucht man nahe dem südwestlichen Horizont. Ungefähr gegen 1 Uhr findet man Mitte September γ Crucis und α Crucis auf der Süd-Nord-Linie. Die Gerade α Crucis – γ Crucis über γ Crucis zum Horizont verlängert weist zu diesem Zeitpunkt auf den Südpunkt des Horizonts. Die Gerade γ Crucis – α Crucis verlängert weist auf den südlichen Himmelspol.

Anfang September 6 Uhr (= Mitte September 5 Uhr): In 40° Südbreite stehen Crux (Kreuz des Südens) und Centaurus (Centaur) am Südosthimmel. Die Gerade β Centauri – α Centauri weist auf den Südhorizont. Die Gerade γ Crucis – α Crucis auf den südlichen Himmelspol.

Aufsuchen des Himmelssüdpols

Verlängert man die Strecke γ Crucis – α Crucis (Acrux) ungefähr 4mal über α Crucis hinaus, gelangt man in die Nähe des Himmelssüdpols. Auch die Mitte der Strecke β Centauri (Agena) – Achernar markiert ihn. Der dem Himmelssüdpol am nächsten stehende Stern ist nur 5^m hell.

Orientierung im Gelände

An jedem Ort mit südlicher Breite befindet sich der Himmelssüdpol unveränderlich über dem Südpunkt des Horizonts. Dabei entspricht die Höhe des Himmelssüdpols der geographischen Breite des Beobachtungsorts.

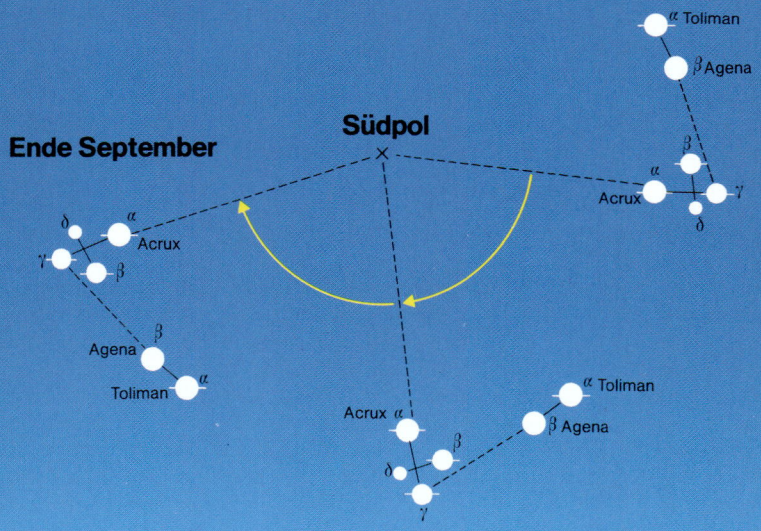

Anfang September

α Toliman
β Agena
β
α
Acrux
γ
δ

Südpol
×

Ende September

δ α
Acrux
γ β
β
Agena
Toliman α

Mitte September

Acrux α
β
δ
γ
α Toliman
β Agena

Orientierung nach dem südlichen Himmelspol im Sommer

Im Gegensatz zum Himmelsnordpol kennzeichnet kein heller Fixstern den Himmelssüdpol. Der Beobachter ist auf die geometrische Zuordnung benachbarter Sternbilder angewiesen.

Nachtwege der Sternbilder Crux (Kreuz des Südens) und Centaurus (Centaur) zu Beginn des Sommers (Dezember). 6 helle Sterne bilden eine einprägsame Konstellation, die der Beobachter zur Orientierung benützt:

Sternbild Crux: α Crucis (Name: Acrux), β Crucis, γ Crucis, δ Crucis.

Sternbild Centaurus: α Centauri (Name: Toliman), β Centauri (Name: Agena).

Nebenstehende Zeichnung entspricht der Sichtbarkeit in 40° Südbreite (= geographische Breite von Hastings auf Neuseeland, Gough-Island im Atlantischen Ozean, Valdivia in Chile).

Etwa ab 40° Südbreite und höher sind diese 6 Sterne zirkumpolar, d. h. sie gehen nicht unter den Horizont und sind somit die ganze Nacht über zu allen Jahreszeiten sichtbar.

Anfang Dezember 21 Uhr In 40° Südbreite sucht man die beiden Sternbilder in nur geringer Höhe über dem Südhorizont. Die Gerade β Centauri – Achernar befindet sich nahe dem Meridian. Über β Centauri hinaus verlängert weist sie auf den Südpunkt des Horizonts.

Anfang Dezember 24 Uhr (= Mitte Dezember 23 Uhr): In 40° Südbreite stehen Crux (Kreuz des Südens) und Centaurus (Centaur) am Südosthimmel. Die Gerade β Centauri – α Centauri weist auf den Südhorizont. Die Gerade γ Crucis – α Crucis auf den südlichen Himmelspol.

Anfang Dezember 3 Uhr (= Mitte Dezember 2 Uhr): In 40° Südbreite sucht der Beobachter Crux (Kreuz des Südens) und Centaurus (Centaur) am Osthimmel. Die Gerade β Centauri – Achernar ist ost-westlich ausgerichtet.

Aufsuchen des Himmelssüdpols

Verlängert man die Strecke γ Crucis – α Crucis (Acrux) ungefähr 4mal über α Crucis hinaus, gelangt man in die Nähe des Himmelspols, einer sternarmen Gegend. Der dem Himmelssüdpol am nächsten stehende Stern ist nur 5^m hell. Auch die Mitte der Strecke β Centauri (Agena) – Achernar markiert den südlichen Himmelspol.

Orientierung im Gelände

An jedem Ort mit südlicher Breite befindet sich der Himmelssüdpol stets unveränderlich über dem Südpunkt des Horizonts. Dabei entspricht die Höhe des Himmelssüdpols der geographischen Breite des Beobachtungsorts.

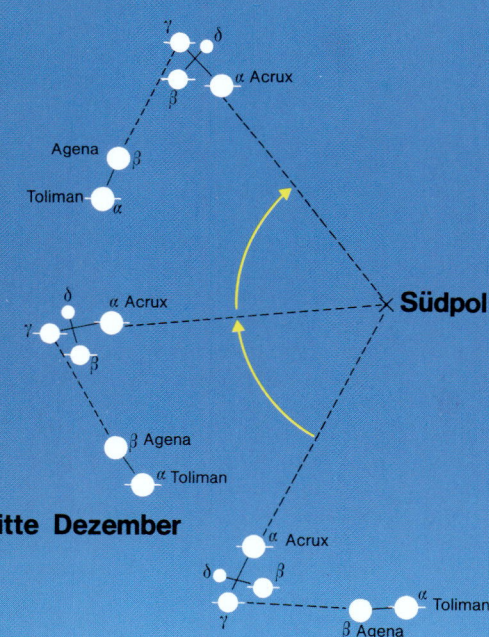

Ende Dezember

γ δ
β α Acrux

Agena β
Toliman α

δ α Acrux
γ
β

β Agena
α Toliman

Mitte Dezember

Südpol

α Acrux
δ β
γ
β Agena
α Toliman

Anfang Dezember

Orientierung nach dem südlichen Himmelspol im Herbst

Im Gegensatz zum Himmelsnordpol kennzeichnet kein heller Fixstern den Himmelssüdpol. Der Beobachter ist auf die geometrische Zuordnung benachbarter Sternbilder angewiesen.

Nachtwege der Sternbilder Crux (Kreuz des Südens) und Centaurus (Centaur) zu Beginn des Herbstes (März). 6 helle Sterne bilden eine einprägsame Konstellation, die der Beobachter zur Orientierung benützt:

Sternbild Crux: α Crucis (Name: Acrux), β Crucis, γ Crucis, δ Crucis.

Sternbild Centaurus: α Centauri (Name: Toliman), β Centauri (Name: Agena).

Nebenstehende Zeichnung entspricht der Sichtbarkeit in 40° Südbreite (= geographische Breite von Hastings auf Neuseeland, Gough-Island im Atlantischen Ozean, Valdivia in Chile).

Etwa ab 40° Südbreite und höher sind diese 6 Sterne zirkumpolar, d. h. sie gehen nicht unter den Horizont und sind somit die ganze Nacht über zu allen Jahreszeiten sichtbar.

Anfang März 20 Uhr In 40° Südbreite findet der Beobachter die Sternbilder Crux (Kreuz des Südens) und Centaurus (Centaur) am Südosthimmel. Die Gerade α Centaur – β Centauri weist auf den Südhorizont. Die Gerade γ Crucis – α Crucis weist auf den südlichen Himmelspol.

Anfang März 24 Uhr (= Mitte März 23 Uhr): In 40° Südbreite sucht der Beobachter die beiden Sternbilder hoch am Himmel. Die Gerade γ Crucis – α Crucis weist auf den hellen Stern Achernar am südwestlichen Horizont. Etwa in der Mitte der Strecke γ Crucis – Achernar befindet sich der südliche Himmelspol. Ende März 24 Uhr (= Mitte März 1 Uhr, Mitte April 23 Uhr) findet man die Sterne γ und α Crucis auf der Süd-Nord-Linie.

Anfang März 4 Uhr (= Mitte März 3 Uhr): Die Gerade γ Crucis – α Crucis weist nach Südosten auf den hellen Stern Achernar, der tief über dem südöstlichen Horizont zu erkennen ist. Etwa in der Mitte der Strecke γ Crucis – Achernar sucht man den südlichen Himmelspol. Anfang März 4 Uhr befindet sich der helle Stern α Centauri (Toliman) im Meridian (Süd-Nord-Linie).

Aufsuchen des Himmelssüdpols

Verlängert man die Strecke γ Crucis – α Crucis (Acrux) ungefähr 4mal über α Crucis hinaus, gelangt man in die Nähe des Himmelssüdpols, ein Gebiet, das arm an hellen Sternen ist. Der dem Himmelssüdpol am nächsten gelegene Stern ist nur 5^m hell.

Orientierung im Gelände

An jedem Ort mit südlicher Breite befindet sich der Himmelssüdpol stets unveränderlich über dem Südpunkt des Horizonts. Dabei entspricht die Höhe des Himmelssüdpols der geographischen Breite des Beobachtungsorts.

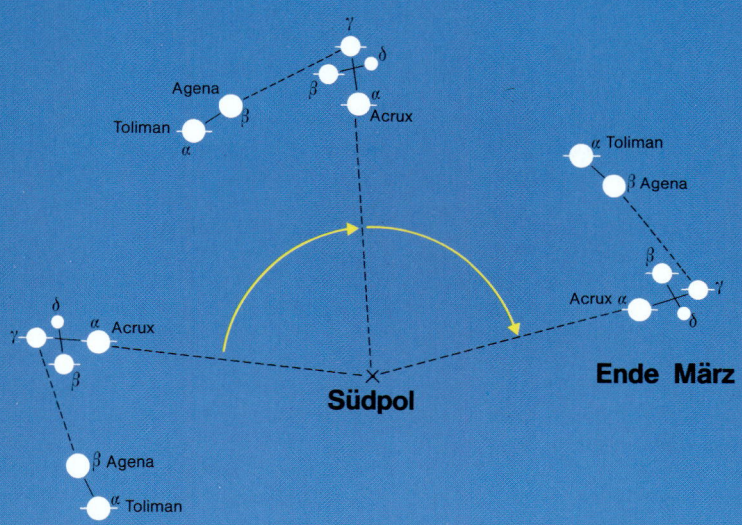

Mitte März

Agena

Toliman

Acrux

α Toliman

β Agena

Acrux α

Ende März

Südpol

δ Acrux

β

γ

β Agena

α Toliman

Anfang März

Orientierung nach dem südlichen Himmelspol im Winter

Im Gegensatz zum Himmelsnordpol kennzeichnet kein heller Fixstern den Himmelssüdpol. Der Beobachter ist auf die geometrische Zuordnung benachbarter Sternbilder angewiesen.

Nachtwege der Sternbilder Crux (Kreuz des Südens) und Centaurus (Centaur) zu Beginn des Winters (Juni). 6 helle Sterne bilden eine sehr einprägsame Konstellation, die der Beobachter zur Orientierung benützt:

Sternbild Crux: α Crucis (Name: Acrux), β Crucis, γ Crucis, δ Crucis.

Sternbild Centaurus: α Centauri (Name: Toliman), β Centauri (Name: Agena).

Nebenstehende Zeichnung entspricht der Sichtbarkeit in 40° Südbreite (= geographische Breite von Hastings auf Neuseeland, Gough-Island im Atlantischen Ozean, Valdivia in Chile). Etwa ab 40° Südbreite und höher sind diese 6 Sterne zirkumpolar, d. h. sie gehen nicht unter den Horizont und sind somit die ganze Nacht über zu allen Jahreszeiten sichtbar.

Anfang Juni 20 Uhr In 40° Südbreite findet der Beobachter die Sternbilder Crux (Kreuz des Südens) und Centaurus (Centaur) hoch über dem südlichen Horizont fast in Zenitnähe. Die Gerade γ Crucis – α Crucis befindet sich nahezu im Meridian und weist über α Crucis (Acrux) verlängert zum Himmelssüdpunkt und weiter auf den Südpunkt am Horizont.

Anfang Juni 24 Uhr (= Mitte Juni 23 Uhr): Die Gerade γ Crucis – α Crucis weist über α Crucis hinaus verlängert nach Südosten auf den hellen Stern Achernar, der tief über dem südöstlichen Horizont zu erkennen ist. Etwa in der Mitte der Strecke γ Crucis – Achernar sucht man den südlichen Himmelspol.

Anfang Juni 7 Uhr (= Mitte Juni 6 Uhr): Das Sternbild Crux (Kreuz des Südens) findet man jetzt tief über dem Südhorizont. Die Gerade α Crucis – γ Crucis über γ Crucis am Horizont verlängert weist auf den Südpunkt des Horizonts. Die Gerade γ Crucis – α Crucis über α Crucis verlängert weist auf den nahe dem Zenit stehenden hellen Stern Achernar. Etwa in der Mitte der Strecke γ Crucis – Achernar befindet sich der südliche Himmelspol.

Aufsuchen des Himmelssüdpols

Verlängert man die Strecke γ Crucis – α Crucis (Acrux) ungefähr 4mal über α Crucis hinaus, gelangt man in die Nähe des Himmelssüdpols, ein Gebiet, das arm an hellen Sternen ist. Der dem Himmelssüdpol am nächsten stehende Stern ist nur 5^m hell.

Orientierung im Gelände

An jedem Ort mit südlicher Breite befindet sich der Himmelssüdpol unveränderlich über dem Südpunkt des Horizonts. Dabei entspricht die Höhe des Himmelssüdpols der geographischen Breite des Beobachtungsorts.

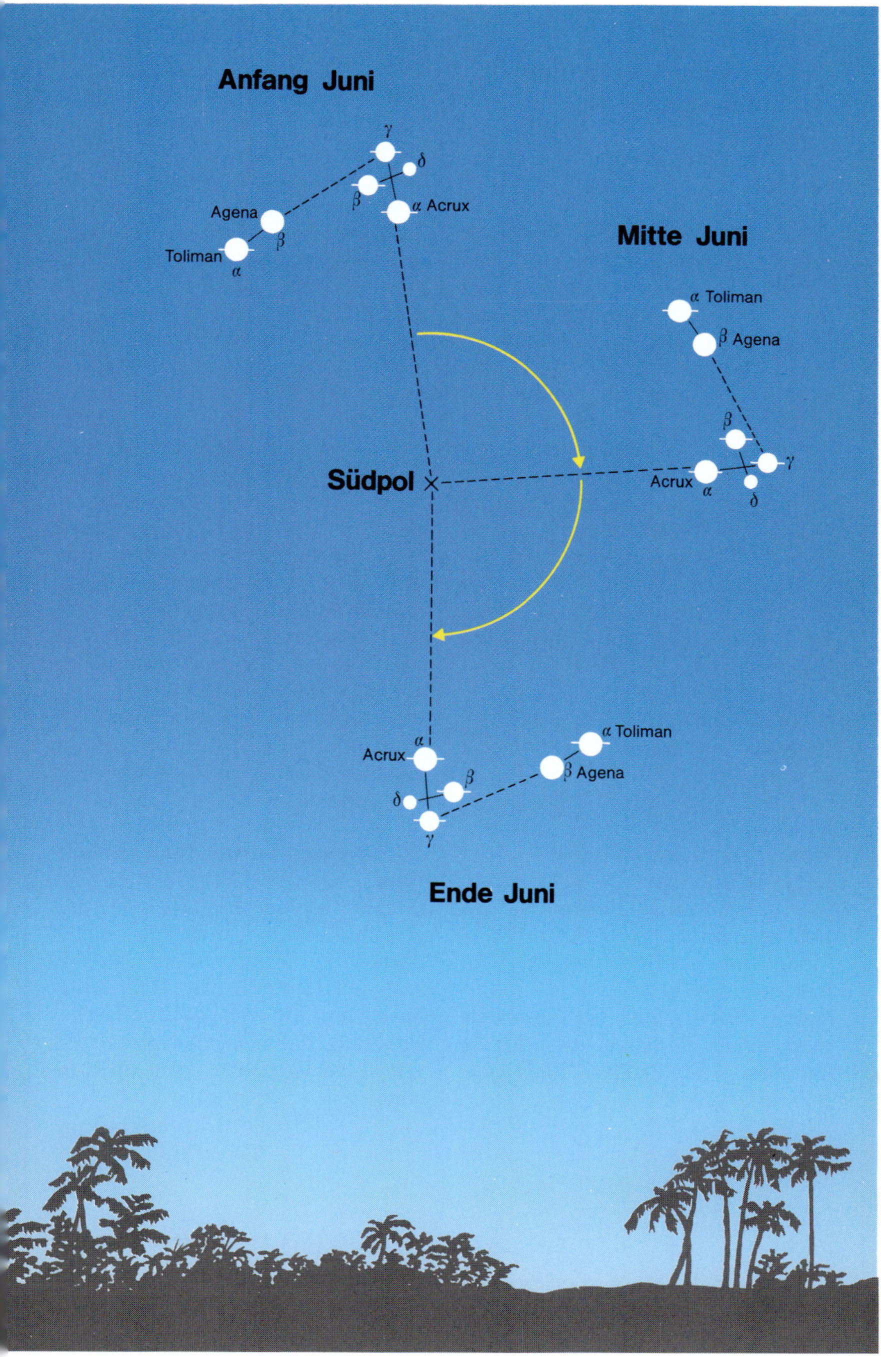

Anfang Juni

γ

δ

β

α Acrux

Agena

β

Toliman

α

Mitte Juni

α Toliman

β Agena

β

γ

Acrux

α

δ

Südpol ×

Acrux

α

β

δ

γ

α Toliman

β Agena

Ende Juni

Orientierung nach dem Himmelsäquator im Frühjahr

(auf der Südhalbkugel der Erde Herbst)

Der Himmelsäquator steht senkrecht auf die Nord-Süd-Achse der Himmelskugel (s. Seite 7). Er schneidet in 2 gegenüberliegenden Punkten am Horizont den Ost- und den Westpunkt. Das hilft dem Beobachter, die Ost-West-Richtung zu finden. Erleichternd kommt hinzu, daß der Himmelsäquator in allen geographischen Breiten zu sehen ist, bzw. Sterne und Sternbilder, die sich auf ihm oder nahe bei ihm befinden.

Nebenstehende Zeichnung zeigt die äquatornahen hellen Sterne Regulus (Sternbild Leo = Löwe), Spica (Sternbild Virgo = Jungfrau) und Arktur (Sternbild Bootes).

Sichtbarkeit

Regulus Anfang März am Beobachtungsort im Meridian um 23 Uhr (= Ende März 22 Uhr, Anfang April 21 Uhr):

Höhe über dem Südhorizont in 45° Nordbreite	57°
Höhe über dem Nordhorizont am Erdäquator	78°
Höhe über dem Nordhorizont in 45° Südbreite	33°

Spica Ende April am Beobachtungsort im Meridian um 23 Uhr (= Mitte Mai 22 Uhr, Ende Mai 21 Uhr):

Höhe über dem Südhorizont in 45° Nordbreite	34°
Höhe über dem Nordhorizont am Erdäquator	79°
Höhe über dem Nordhorizont in 45° Südbreite	56°

Arktur Mitte Mai am Beobachtungsort im Meridian um 23 Uhr (= Ende Mai 22 Uhr, Mitte Juni 21 Uhr):

Höhe über dem Südhorizont in 45° Nordbreite	64°
Höhe über dem Nordhorizont am Erdäquator	71°
Höhe über dem Nordhorizont in 45° Südbreite	26°

Keiner dieser hellen Sterne liegt unmittelbar auf dem Himmelsäquator. Dem Äquator am nächsten kommen Sterne des Sternbilds Virgo (= Jungfrau). Davon liegen auf bzw. dicht am Himmelsäquator:

ζ Virginis (auf dem Himmelsäquator), η Virginis (1° südlich).

Man kann diese beiden Sterne als Äquatorsterne bezeichnen, deren Aufgangspunkt stets der Ostpunkt am Horizont ist.

Zu beachten ist bei der Beobachtung

Der Beobachter an einem Ort mit geographischer Nordbreite schaut nach Süden. Für ihn ist der Ostpunkt links am Horizont. Der Beobachter an einem Ort mit geographischer Südbreite schaut nach Norden. Für ihn ist der Ostpunkt rechts am Horizont.

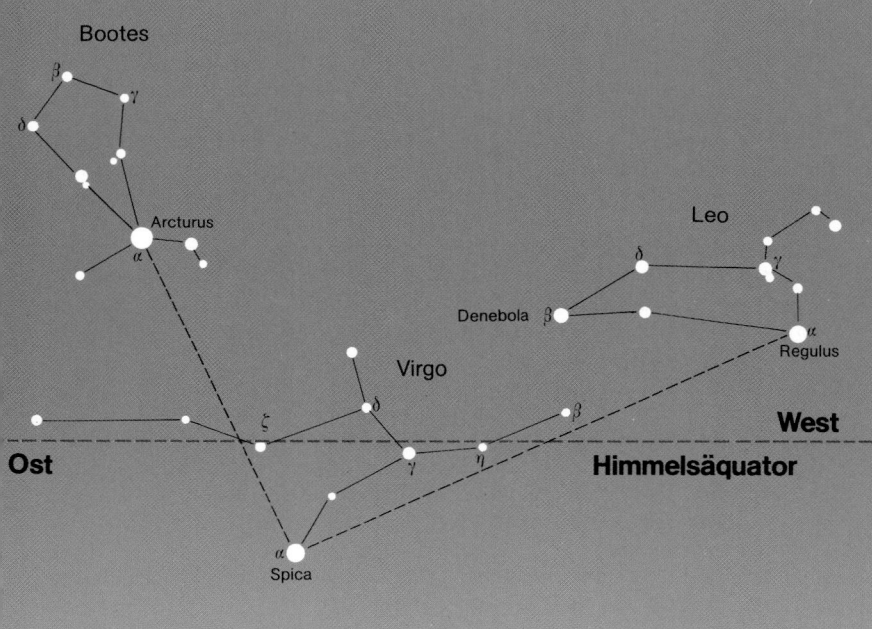

Bootes

β
γ
δ

Arcturus
α

Leo

δ
γ

Denebola β

α
Regulus

Virgo

δ

ξ

β

West

γ

η

Himmelsäquator

Ost

α
Spica

Orientierung nach dem Himmelsäquator im Sommer

(auf der Südhalbkugel der Erde Winter; man spricht dort vom »Großen Norddreieck«)

Der Himmelsäquator steht senkrecht auf die Nord-Süd-Achse der Himmelskugel (s. Seite 7). Er schneidet in 2 gegenüberliegenden Punkten am Horizont den Ost- und den Westpunkt. Das hilft dem Beobachter, die Ost-West-Richtung zu finden. Erleichternd kommt hinzu, daß der Himmelsäquator in allen geographischen Breiten zu sehen ist, bzw. Sterne und Sternbilder, die sich auf ihm oder nahe bei ihm befinden.
Nebenstehende Zeichnung zeigt den äquatornahen Stern Atair (Sternbild Aquila = Adler), der zusammen mit den Sternen Wega (Sternbild Lyra = Leier) und Deneb (Sternbild Cygnus = Schwan) das in Nordbreiten auffallende »Sommerdreieck« am Himmel bildet. Auch am Erdäquator ist diese Konstellation nicht zu übersehen.

Sichtbarkeit

Atair Anfang August am Beobachtungsort im Meridian um 23 Uhr (= Mitte August 22 Uhr, Anfang September 21 Uhr):
Höhe über dem Südhorizont
in 45° Nordbreite   54°
Höhe über dem Nordhorizont
am Erdäquator   81°
Höhe über dem Nordhorizont
in 45° Südbreite   36°

Sommerdreieck Seine beste Sichtbarkeit hat das »Sommerdreieck« in den Monaten Juni, Juli und August. In mittleren Nordbreiten kulminiert es dann in Zenithöhe. Dabei weist seine »Spitze« (= der Stern Atair) nach Süden. In mittleren Südbreiten steht diese Dreieckskonstellation wesentlich näher dem Horizont. In 45° Südbreite berührt Stern Deneb bereits den Nordhorizont. Am höchsten steht dann die nach Süden weisende »Spitze« mit dem Stern Atair im Sternbild Aquila (Adler).
Der Stern Atair liegt nicht unmittelbar auf oder am Himmelsäquator. Dem Äquator am nächsten kommen 2 Sterne des Sternbilds Aquila (Adler):

    δ Aquilae (etwas nördlich),
    ϑ Aquilae (etwas südlich).

Man kann diese beiden Sterne als Äquatorsterne bezeichnen, deren Aufgangspunkt stets der Ostpunkt am Horizont ist.

Zu beachten ist bei der Beobachtung

Der Beobachter an einem Ort mit geographischer Nordbreite schaut nach Süden. Für ihn ist der Ostpunkt links am Horizont. Der Beobachter an einem Ort mit geographischer Südbreite schaut nach Norden. Für ihn ist der Ostpunkt rechts am Horizont.
Verhindern Dämmerung oder Mondschein die Beobachtung der Äquatorsterne, findet man den Himmelsäquator etwa in der Mitte der Strecke Atair – Fomalhaut (Hauptstern im Sternbild Piscis Austrinus = Südlicher Fisch).

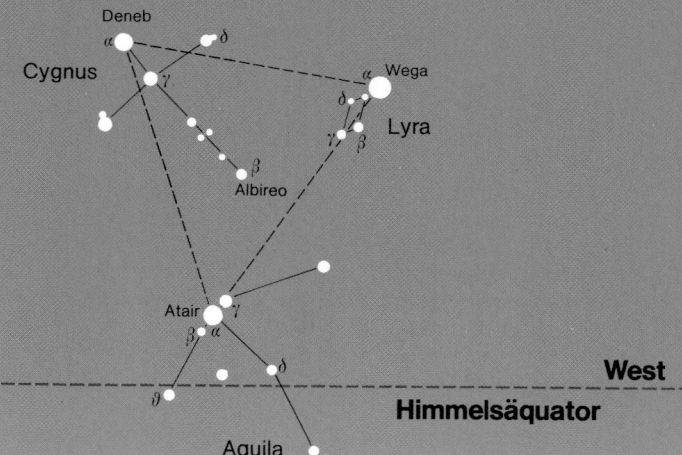

„Sommerdreieck"

Deneb
α   δ
Cygnus   α Wega
        γ
                      δ
                    γ   β   Lyra
         β   β
    Albireo

Atair γ

Ost   β α   West
         ϑ   δ   Himmelsäquator

        Aquila

Orientierung nach dem Himmelsäquator im Herbst
(auf der Südhalbkugel der Erde Frühjahr)

Der Himmelsäquator steht senkrecht auf die Nord-Süd-Achse der Himmelskugel (s. Seite 7). Er schneidet in 2 gegenüberliegenden Punkten am Horizont den Ost- und den Westpunkt. Das hilft dem Beobachter, die Ost-West-Richtung zu finden. Erleichternd kommt hinzu, daß der Himmelsäquator in allen geographischen Breiten zu sehen ist, bzw. Sterne und Sternbilder, die sich auf ihm oder nahe bei ihm befinden.

Nebenstehende Zeichnung zeigt die äquatornahen Sternbilder Pegasus (nördlich des Himmelsäquators) und Aquaris = Wassermann (südlich des Himmelsäquators). Ein heller äquatornaher Stern ist α Aquarii, mit dem arabischen Namen Sadalmelek.

Sichtbarkeit
Sadalmelek Anfang September am Beobachtungsort im Meridian um 23 Uhr (= Mitte September 22 Uhr, Anfang Oktober 21 Uhr):
Höhe über dem Südhorizont
in 45° Nordbreite   45°
Höhe über dem Nordhorizont
am Erdäquator   90°
Höhe über dem Nordhorizont
in 45° Südbreite   45°
Sternbilder Ihre beste Sichtbarkeit erreichen beide Sternbilder in den Monaten September, Oktober und November. In 20° Nordbreite kulminiert das Sternbild Pegasus in

Zenithöhe. Auch das Sternbild Wassermann steht hier sehr hoch über dem Südhorizont.
Der Stern Sadalmelek liegt nur ein halbes Grad südlich des Himmelsäquators. Zum Aufsuchen von Sadalmelek orientiert man sich an den Sternen Markab (= α Pegasi) und Enif (= ε Pegasi), mit denen Sadalmelek ein etwa gleichseitiges Dreieck bildet.

Zu beachten ist bei der Beobachtung
Der Beobachter an einem Ort mit geographischer Nordbreite schaut nach Süden. Für ihn ist der Ostpunkt links am Horizont. Der Beobachter an einem Ort mit geographischer Südbreite schaut nach Norden. Für ihn ist der Ostpunkt rechts am Horizont.
4 helle Sterne des Sternbilds Pegasus bilden ein vor allem in Nordbreiten auffälliges Viereck am Himmel. Dieses Pegasus-Viereck eignet sich zum Auffinden des Himmelsäquators:
▷ Die Strecke, die die Sterne Sirrah und Scheat bilden und die Strecke zwischen den Sternen Algenib und Markab verlaufen etwa parallel zum Himmelsäquator und zueinander. Dabei entspricht ihr Abstand voneinander dem Abstand der Strecke Algenib – Markab zum Himmelsäquator.
Noch eine Hilfe Die Mitte der Strecke Scheat (= β Pegasi) – Fomalhaut (= α Piscis Austrini) liegt dicht am Himmelsäquator.

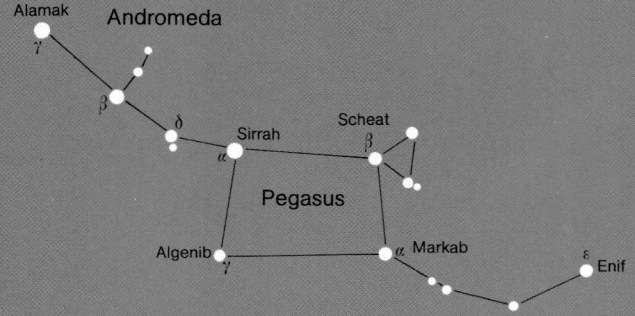

Alamak
γ
Andromeda
ι
β
δ
Sirrah
α
Scheat
β
Pegasus
Algenib γ
α Markab
ε Enif

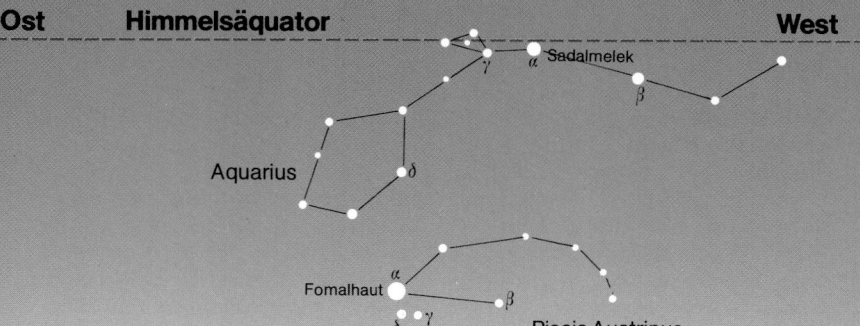

γ
α Sadalmelek
β

Aquarius
δ

Fomalhaut
α
β
δ γ
Piscis Austrinus

Orientierung nach dem Himmelsäquator im Winter

(auf der Südhalbkugel der Erde Sommer)

Der Himmelsäquator steht senkrecht auf die Nord-Süd-Achse der Himmelskugel (s. Seite 7). Er schneidet in 2 gegenüberliegenden Punkten am Horizont den Ost- und den Westpunkt. Das hilft dem Beobachter, die Ost-West-Richtung zu finden. Erleichternd kommt hinzu, daß der Himmelsäquator in allen geographischen Breiten zu sehen ist, bzw. Sterne und Sternbilder, die sich auf ihm oder nahe bei ihm befinden.

Nebenstehende Zeichnung zeigt die äquatornahen Sternbilder Orion, Canis Maior (Großer Hund) und Canis Minor (Kleiner Hund). Die 3 Gürtelsterne des Orion (»Jakobsstab«) liegen sehr dicht am Himmelsäquator.

Sichtbarkeit

Gürtelsterne des Orion Ende Dezember am Beobachtungsort im Meridian um 23 Uhr (= Mitte Januar 22 Uhr, Ende Januar 21 Uhr):

Höhe über dem Südhorizont
in 45° Nordbreite   44°
Höhe über dem Nordhorizont
am Erdäquator   89°
Höhe über dem Nordhorizont
in 45° Südbreite   46°

Sternbilder Ihre beste Sichtbarkeit erreichen die 3 Sternbilder in den Monaten Dezember, Januar und Februar. Am Erdäquator kulminieren sie in Zenithöhe. Besonders das Sternbild Orion ist wegen seiner unverwechselbaren Figur sofort zu erkennen. Dem Himmelsäquator am nächsten stehen 3 Sterne des Orion:

δ Orionis (nur ⅓ Grad südlich!),
ε Orionis (1 Grad südlich),
ζ Orionis (knapp 2 Grad südlich).
Man kann alle 3 Sterne als Äquatorsterne bezeichnen, deren Aufgangspunkt stets der Ostpunkt am Horizont ist.

Zu beachten ist bei der Beobachtung

Der Beobachter an einem Ort mit geographischer Nordbreite schaut nach Süden. Für ihn ist der Ostpunkt links am Horizont. Der Beobachter an einem Ort mit geographischer Südbreite schaut nach Norden. Für ihn ist der Ostpunkt rechts am Horizont.

Die hellen Sterne Beteigeuze (= α Orionis), Sirius (= α Canis Maioris) und Prokyon (= α Canis Minoris) bilden am Himmel ziemlich genau ein gleichseitiges Dreieck, durch dessen Mitte der Himmelsäquator verläuft. Das wegen der 3 sehr hellen Sterne recht auffällige Dreieck befindet sich immer östlich der 3 Gürtelsterne des Orion. Für die Orientierung kann sich der Beobachter noch merken, daß die Strecke zwischen den beiden Sternen Beteigeuze und Prokyon ungefähr parallel zum Himmelsäquator verläuft.

Die äquatornahen hellen Sterne Sirius (Sternbild Canis Maior), Rigel (Sternbild Orion) und Procyon (Sternbild Canis Minor) bilden mit den hellen Sternen Pollux (Sternbild Gemini), Capella (Sternbild Auriga) und Aldebaran (Sternbild Taurus) das großräumige »Wintersechseck«, das als Orientierungshilfe am nördlichen Sternhimmel herangezogen werden kann.

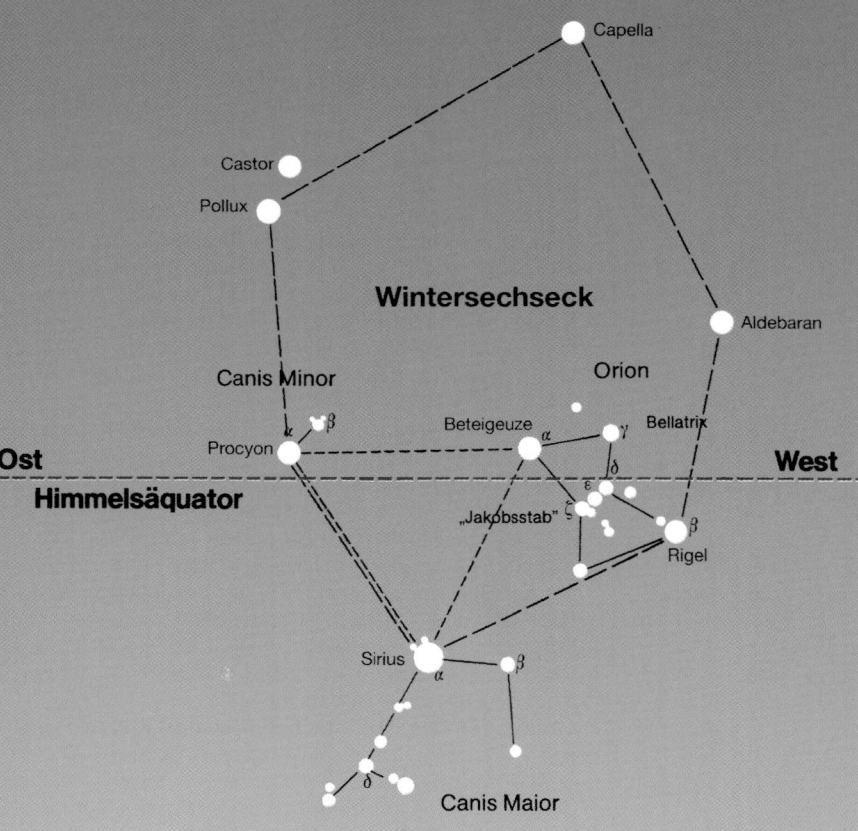

60° Nordbreite

(entspricht der geographischen Breite von Jakutsk, St. Petersburg, Helsinki, Oslo, der Südspitze Grönlands)

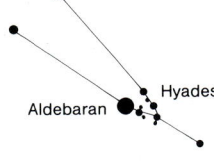

Aldebaran Hyades

Stier (Taurus)

Plejaden

Der Sternhimmel Anfang Februar 20 Uhr
Blickrichtung zum südlichen Horizont

Mitte Februar um 19 Uhr Anfang März um 18 Uhr
Mitte März um 17 Uhr Anfang April um 16 Uhr
Mitte Januar um 21 Uhr Anfang Januar um 22 Uhr
Mitte Dezember um 23 Uhr Anfang Dezember um 24 Uhr

Anblick des Himmels vom Zenit bis zum Südhorizont Im Zenit stehen wenig helle Sterne des Sternbildes Camelopardus (Giraffe). Etwas westlich vom Zenit steht das Sternbild Perseus. Reich ausgefüllt mit hellen Sternen und einprägsamen Sternbildern ist der Himmel südlich vom Zenit bis zum Horizont: das Sternbild Auriga (Fuhrmann) mit dem hellen Stern Capella; daran anschließend das Sternbild Taurus (Stier) mit dem rötlichen Hauptstern Aldebaran und den offenen Sternhaufen Hyaden und Plejaden (Siebengestirn). Tiefer als man es in Mitteleuropa gewohnt ist, steht das Sternbild Orion im Süden. Das nach Südwesten folgende Sternbild Canis Maior (Großer Hund) ist in 60° Nordbreite nur teilweise sichtbar. Der helle Stern Sirius ist in Horizontnähe und kann seinen Glanz nicht voll entfalten.

Das ausgewählte Sternbild Taurus (Stier) ist ein Tierkreisbild mit einem auffällig rötlich leuchtenden Hauptstern (Aldebaran). Besonders reizvoll für Beobachter die Sternansammlungen in den offenen Sternhaufen Hyaden (unmittelbar in der Umgebung von Aldebaran) und Plejaden (nordwestlich, etwa auf der Mitte der Linie Aldebaran – Algol im Sternbild Perseus). Beide Sternhaufen sind bereits mit bloßen Augen einwandfrei auszumachen.

Objekt für den Feldstecher und das kleine Fernrohr Plejaden, auch Siebengestirn genannt. Dieser auffälligste galaktische Sternhaufen am Nordhimmel ist bereits mühelos mit bloßen Augen auszumachen. Dieser Sternhaufen gilt sogar als Augenprüfer: Gute Augen müssen – tadellose Sichtbedingungen vorausgesetzt – mehr als 6 Einzelsterne sehen (bis zu 10). Mit dem Feldstecher sind mühelos 30 Sterne zu sehen. Ein dankbares Objekt für astrofotografische Versuche.

Milchstraße Das Band der Milchstraße zieht sich von Südosten nach Nordwesten. In Zenithöhe schöne Partien in den Sternbildern Auriga (Fuhrmann), Perseus und Cassiopeia mit leicht zu erkennenden offenen Sternhaufen (Feldstecher!).

Zodiakallicht Am Abendhimmel (Westhorizont) aufsteigend entlang der Ekliptik (»Tierkreislicht«).

60°
Nordbreite

(entspricht der geographischen Breite von Jakutsk, St. Petersburg, Helsinki, Oslo, der Südspitze Grönlands)

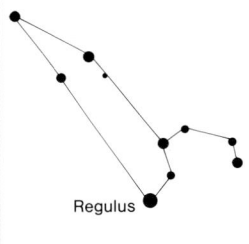

Regulus

Löwe (Leo)

offener Sternhaufen M67

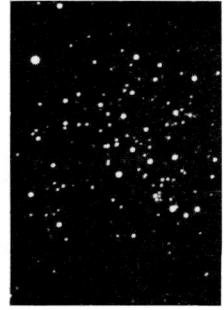

Der Sternhimmel Anfang April 20 Uhr
Blickrichtung zum südlichen Horizont

Mitte April um 19 Uhr	Anfang Mai um 18 Uhr
Mitte Mai um 17 Uhr	Anfang Juni um 16 Uhr
Mitte März um 21 Uhr	Anfang März um 22 Uhr
Mitte Februar um 23 Uhr	Anfang Februar um 24 Uhr

Anblick des Himmels vom Zenit bis zum Südhorizont Dem Zenit nähert sich von Osten das Sternbild Ursa Maior (Großer Bär, Großer Wagen). Im Zenit selbst befindet sich keine auffallende Sternfiguration. Um zu einprägsamen Sternbildern zu kommen, muß man südöstlich und südwestlich schauen. Das Sternbild Leo (Löwe) beherrscht den Südosthimmel. Das Sternbild Gemini (Zwillinge) bildet im Südwesten den Abschluß der allmählich untergehenden »Wintersternbilder«. Direkt in der Nord-Süd-Linie findet der Beobachter das unscheinbare Tierkreissternbild Cancer (Krebs). Weiter hin zum Südhorizont stehen 2 hellere Sterne: α Hydrae (Wasserschlange) und α Canis Minoris.
Das ausgewählte Sternbild Leo (Löwe) ist Tierkreissternbild. Der Hauptstern Regulus ist nicht nur sehr hell am Himmel. Er befindet sich auf der Ekliptik. Es kommt deshalb immer wieder vor, daß Regulus vom Mond oder einem Planeten »bedeckt« wird. Auch nahe Konstellationen mit Mond und Planeten sind reizvoll. Der Stern γ Leonis (Algieba) ist ein heller Doppelstern und mit einem kleinen Fernrohr zu trennen.
Objekt für den Feldstecher und das kleine Fernrohr Südlich der Praesepe (s. Seite 52) befindet sich ein offener Sternhaufen (M67), der mit Hilfe des Feldstechers aufgefunden werden kann. In einem Fernglas 10 × 40 entdeckt der Beobachter zahlreiche Einzelsterne. Um den ganzen Sternreichtum zu sehen, bedarf es eines 6- oder 8zölligen Fernrohrs mit 30- bis 50facher Vergrößerung. M67 hat die Gesamthelligkeit $6^m.1$. Die Einzelsterne haben Helligkeiten von $8^m.5$ bis 15^m.
Meteorstrom Virginiden im April. Radiant nördlich des Hauptsterns Spica im Sternbild Virgo (Jungfrau) am Osthimmel (s. Sternkarte Seite 43). Radiant ist im April von 22 Uhr bis 3 Uhr zu beobachten.
Milchstraße Senkrecht von Nordwesten nach Süden. Bequem zu beobachten abwechslungsreiche Abschnitte in den Sternbildern Gemini (Zwillinge), Canis Maior und Minor (Großer und Kleiner Hund).
Zodiakallicht Am Abendhimmel (Westhorizont) aufsteigend entlang der Ekliptik (»Tierkreislicht«).

60°
Nordbreite

(entspricht der geographischen Breite von Jakutsk, St. Petersburg, Helsinki, Oslo, der Südspitze Grönlands)

Der Sternhimmel Anfang Juni 20 Uhr
Blickrichtung zum südlichen Horizont

Mitte Juni um 19 Uhr	Anfang Juli um 18 Uhr
Mitte Juli um 17 Uhr	Anfang August um 16 Uhr
Mitte Mai um 21 Uhr	Anfang Mai um 22 Uhr
Mitte April um 23 Uhr	Anfang April um 24 Uhr

Anblick des Himmels vom Zenit bis zum Südhorizont Senkrecht über dem Beobachter das Sternbild Ursa Maior (Großer Bär, Großer Wagen). Wandern die Augen von der »Deichsel« des Großen Wagens nach Südosten, sehen sie schnell den rötlichen Stern Arktur im Sternbild Bootes. Ein weiterer heller Stern folgt weiter nach Süden, schon recht nahe dem Horizont: Spica im Sternbild Virgo (Jungfrau). Verlängert man die Linie Polarstern – hintere »Wagensterne« des Großen Wagens nach Südwesten, erreicht der Beobachter das Sternbild Leo (Löwe) mit dem hellen Stern Regulus. Über dem Südhorizont das Sternbild Corvus (Rabe), dessen hellere Sterne ein Viereck bilden.

Das ausgewählte Sternbild Ursa Maior (Großer Bär, Großer Wagen) ist als Orientierungssternbild sehr wichtig (s. Seite 14 ff.). Wegen der unschwer erkennbaren Form eines Wagens mit Deichsel hat das Sternbild den weitverbreiteten Namen »Großer Wagen«.

Objekt für den Feldstecher und das kleine Fernrohr Der kugelförmige Sternhaufen M3 gilt neben M13 (s. Seite 56) als schönster des nördlichen Himmels. Der Beobachter sucht ihn etwa in der Mitte der Linie zwischen α Bootis (Arktur) und α Canes Venatici, Hauptstern des kleinen Sternbildes Jagdhunde südlich des Großen Wagens. Zur Auflösung in Einzelsterne am Rand braucht man ein 3zölliges Fernrohr. Die Gesamthelligkeit von M3 liegt bei 6^m. Die Gesamtmasse aller Sterne dieses Sternhaufens wird auf 245 000 Sonnenmassen geschätzt, das Alter auf 10 Milliarden Jahre.

Meteorstrom Juni-Lyriden Mitte Juni. Radiant (scheinbarer Ort am Himmel, aus dem Sternschnuppen kommen) südlich des hellen Sterns Wega im Sternbild Lyra (Leier) am Osthimmel. Radiant im Juni die ganze Nacht über zu beobachten.

Milchstraße Das Band der Milchstraße zieht von Südosten nach Nordwesten. Im Verlauf der Nacht (im Juni um Mitternacht) rückt die Milchstraße in Zenit- und Meridiannähe. Eindrucksvoll die Abschnitte zwischen Cassiopeia im Nordosten, Cygnus (Schwan) im Osten und Ophiuchus (Schlangenträger) im Süden.

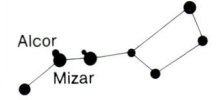

Alcor
Mizar

Großer Bär, Großer Wagen
(Ursa Maior)

kugelförmiger Sternhaufen M3

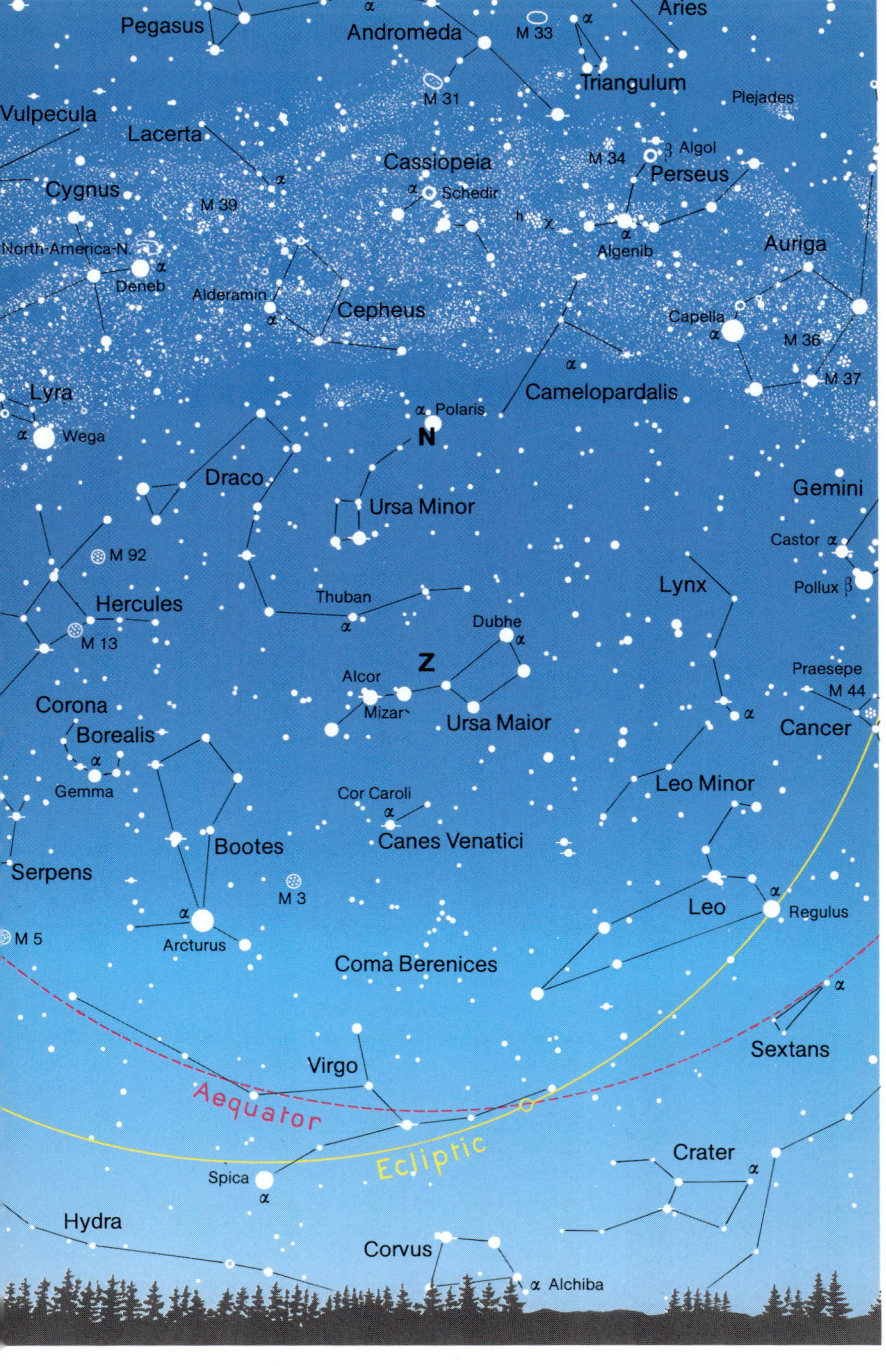

60°
Nordbreite

(entspricht der geographischen Breite von Jakutsk, St. Petersburg, Helsinki, Oslo, der Südspitze Grönlands)

Leier (Lyra)

Doppelstern ε Lyrae

Der Sternhimmel Anfang August 20 Uhr
Blickrichtung zum südlichen Horizont

Mitte August um 19 Uhr	Anfang September um 18 Uhr
Mitte September um 17 Uhr	Anfang Oktober um 16 Uhr
Mitte Juli um 21 Uhr	Anfang Juli um 22 Uhr
Mitte Juni um 23 Uhr	Anfang Juni um 24 Uhr

Anblick des Himmels vom Zenit bis zum Südhorizont Im Zenit das Sternbild Drache zwischen Ursa Maior (Großer Bär) im Nordwesten und dem Sommerdreieck im Südosten. Südlich vom Zenit in voller Größe das H-förmige Sternbild Hercules. Westlich die Sternbilder Corona Borealis (Nördliche Krone) und Bootes (Bärenhüter). Östlich das zum Sommerdreieck gehörende Sternbild Lyra (Leier) mit dem hellen Stern Wega. In Horizontnähe die ausgedehnten Sternbilder Ophiuchus (Schlangenträger) und Serpens (Schlange).

Das ausgewählte Sternbild Lyra (Leier) ist ein altes und an interessanten Objekten reiches Sternbild. Neben den Sternen Sirius (Canis Maior) und Arkturus (Bootes) zählt der Hauptstern Wega zu den hellsten Sternen, die in nördlichen Breiten zu sehen sind. Das Sternbild wurde in der Antike Schildkröte genannt oder Schildkrötenschale. Von Hyginus stammt die Bezeichnung »gewölbtes Saiteninstrument«. Er gab einem Teil des Sternbildes den Namen »Resonanzboden«.

Objekt für den Feldstecher und das kleine Fernrohr 2 Grad östlich des hellen Sterns Wega im Sternbild Leier (Lyra) steht ein Stern 4. Größenklasse. Wer gute Augen hat, erkennt den Stern ohne Fernrohr als Doppelstern. Dieser Doppelstern hat die Besonderheit, daß jeder Begleiter wieder doppelt ist. Um das festzustellen, reicht der Feldstecher nicht mehr aus. Mit einem 3zölligen Refraktor aber sollte die Trennung bereits gelingen.

Meteorstrom Perseiden Mitte Juli bis Mitte August. Radiant (s. Sternkarte Seite 51) im Sternbild Perseus nordwestlich des Sterns α Persei (Algenib). Im August besonders gut nach Mitternacht zu beobachten, wenn Perseus hoch am Nordosthimmel steht. Bekannt auch unter dem Namen »Laurentius-Tränen«.

Milchstraße Besonders schöne Ausschnitte der sommerlichen Milchstraße in den Sternbildern Lyra (Leier), Aquila (Adler) und Cygnus (Schwan). Dagegen sind in diesen nördlichen Breiten die Milchstraßenwolken im Sagittarius (Schütze) und Scorpius (Skorpion) noch nicht zu beobachten.

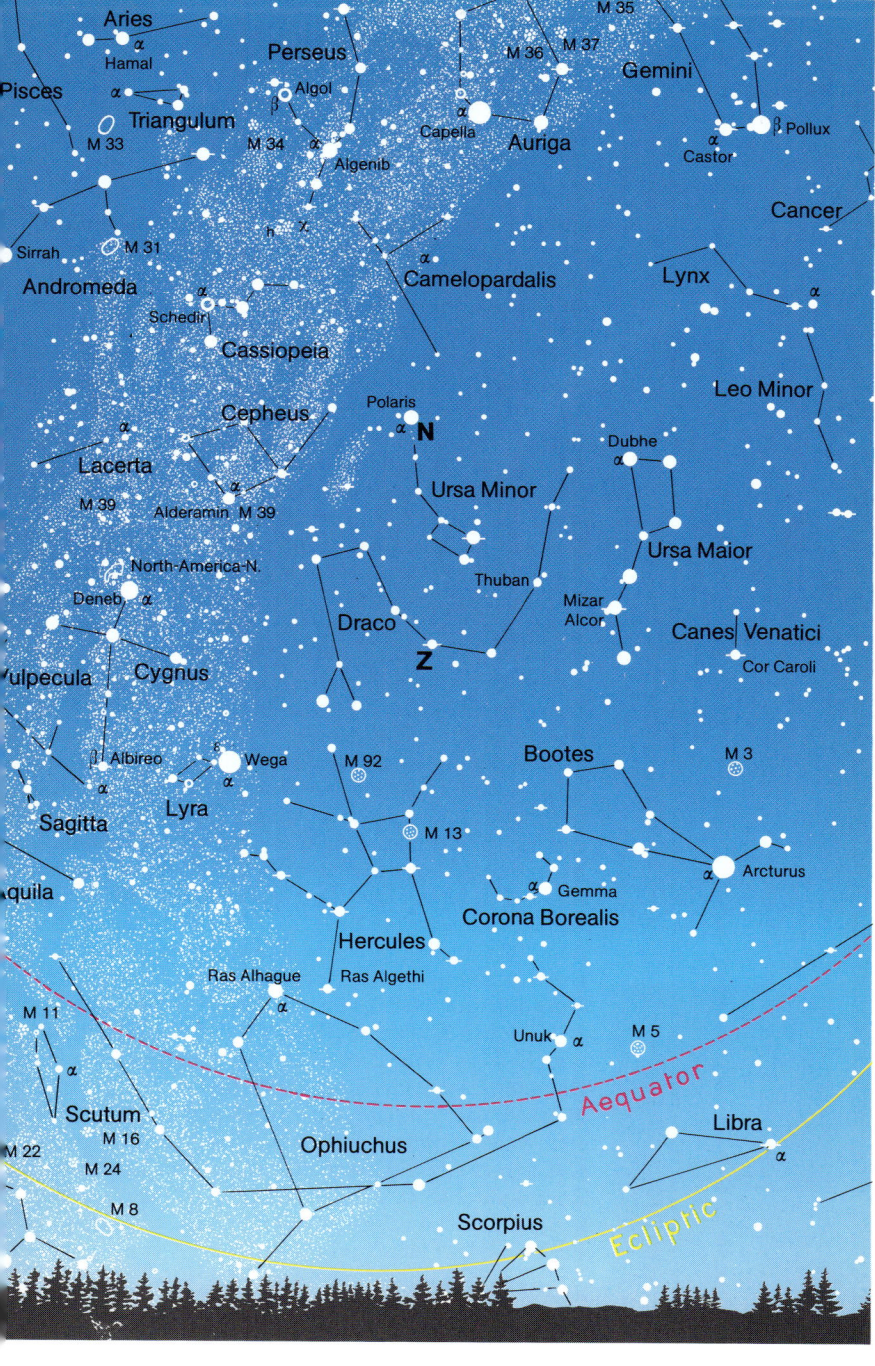

60°
Nordbreite

(entspricht der geographischen Breite von Jakutsk, St. Petersburg, Helsinki, Oslo, der Südspitze Grönlands)

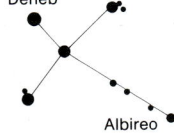

Deneb

Albireo

Schwan (Cygnus)

offener Sternhaufen M 39

Der Sternhimmel Anfang Oktober 20 Uhr
Blickrichtung zum südlichen Horizont

Mitte Oktober um 19 Uhr	Anfang November um 18 Uhr
Mitte November um 17 Uhr	Anfang Dezember um 16 Uhr
Mitte September um 21 Uhr	Anfang September um 22 Uhr
Mitte August um 23 Uhr	Anfang August um 24 Uhr

Anblick des Himmels vom Zenit bis zum Südhorizont Etwas östlich vom Zenit das Sternbild Cepheus mit dem berühmten veränderlichen Stern Delta. Vor den Augen des südwärts blickenden Beobachters steht das Sommerdreieck in voller Ausdehnung am Himmel. Am höchsten steht Deneb, der helle Hauptstern im Sternbild Cygnus (Schwan). Er befindet sich direkt auf der Nord-Süd-Linie am Beobachtungsort etwa 15° südlich vom Zenit. Am tiefsten steht Atair, der helle Hauptstern im Sternbild Aquila (Adler). Außer dem Sommerdreieck gibt es in diesem Himmelsausschnitt keine besonders markanten Sternbilder.

Das ausgewählte Sternbild Cygnus (Schwan) gehört zu den markanten Sternbildern des Nordhimmels. Man spricht gelegentlich auch vom »Kreuz des Nordens«. Die Sternwolken der Milchstraße kommen schon im Feldstecher prächtig zur Geltung. Auffallend südöstlich der Linie Deneb – Albireo ist eine sternarme Zone (»nördlicher Kohlensack«). Hier verdeckt ein Dunkelnebel die Milchstraße.

Objekt für den Feldstecher und das kleine Fernrohr Offener Sternhaufen M 39 östlich vom Stern Deneb inmitten einer an Sternwolken der Milchstraße und eigenartig geformten Dunkelwolken reichen Himmelsgegend. Im Feldstecher in etwa 30 Einzelsterne aufzulösen. Die Sterne sind weit auseinandergezogen. Die Gesamthelligkeit beträgt $5^m.3$. Aufgrund seiner Entfernung (896 Lichtjahre) ist M 39 ein Objekt in der näheren Umgebung unseres Sonnensystems.

Meteorstrom Giacobiniden in den Tagen um den 10. Oktober. Radiant im Sternbild Draco (Drache), das am Nordwesthimmel zu finden ist. Materieteilchen des Kometen Giacobini-Zinner (1900 III).

Milchstraße Verlauf vom Nordosten nach Südwesten. Schöne Sternwolken in den Sternbildern Perseus, Cassiopeia und den Sternbildern des Sommerdreiecks.

Zodiakallicht In der zweiten Oktoberhälfte am Morgenhimmel. Aufsuchen am Osthorizont aufsteigend in der Nähe der Ekliptik (»Tierkreislicht«).

60°
Nordbreite

(entspricht der geographischen Breite von Jakutsk, St. Petersburg, Helsinki, Oslo, der Südspitze Grönlands)

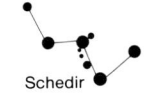

Schedir

Cassiopeia

h und χ Persei,
zwei offene Sternhaufen

Der Sternhimmel Anfang Dezember 20 Uhr
Blickrichtung zum südlichen Horizont

Mitte Dezember um 19 Uhr	Anfang Januar um 18 Uhr
Mitte Januar um 17 Uhr	Anfang Februar um 16 Uhr
Mitte November um 21 Uhr	Anfang November um 22 Uhr
Mitte Oktober um 23 Uhr	Anfang Oktober um 24 Uhr

Anblick des Himmels vom Zenit bis zum Südhorizont Im Zenit das W-förmige Sternbild Cassiopeia. Nach Süden folgen Andromeda mit dem Spiralnebel M31 (»Andromeda-Nebel«) und das großflächige Viereck des Pegasus. Weiter in Blickrichtung südlicher Horizont sind die Sternbilder arm an hellen Sternen. Der helle Stern Fomalhaut im Sternbild Piscis Austrinus (Südlicher Fisch) ist in diesen nördlichen Breiten noch nicht zu sehen. Sternreich wird die Himmelsgegend östlich vom Zenit mit den schon »winterlichen« Sternbildern Perseus, Taurus (Stier) und Auriga (Fuhrmann).

Das ausgewählte Sternbild Cassiopeia, das Sternbild, das am Himmel die Form eines W erkennen läßt. Blickt man nach Norden, steht dem Sternbild Cassiopeia das Sternbild Ursa Maior (Großer Bär), auch Großer Wagen genannt, gegenüber. Stern α Cassiopeiae, der Polarstern und der 3. Deichselstern des Großen Wagens (ε Ursa Maioris) lassen sich gradlinig miteinander verbinden. Der Beobachter entdeckt sternreiche Milchstraßenabschnitte und eine Anzahl offener Sternhaufen im Sternbild Cassiopeia.

Objekt für den Feldstecher und das kleine Fernrohr Doppelsternhaufen h und χ Persei, in der Mitte einer gedachten Verbindungslinie zwischen den Sternen α Cassiopeiae und α Persei. Der Doppelsternhaufen ist mit bloßen Augen zu erkennen. Der Feldstecher macht dann die Fülle der Einzelsterne deutlich. Dieser Doppelsternhaufen ist eines der schönsten Demonstrationsobjekte seiner Art am nördlichen Himmel. Bis zur Größe $15^m.5$ befinden sich in h (im Foto rechts) 340 Sterne und in χ (im Foto links) 300 Sterne.

Meteorstrom Geminiden vom 6. bis 17. Dezember. Radiant nahe dem Stern Castor im Sternbild Gemini (Zwillinge) am Osthimmel (s. Sternkarte Seite 51). Radiant ist die ganze Nacht über zu beobachten.

Milchstraße Quer vom Osthimmel nach Westen. Im Zenit sternreiche Abschnitte in der Umgebung des Sternbildes Cassiopeia.

Zodiakallicht Am Morgenhimmel (Osthorizont) aufsteigend in der Nähe der Ekliptik (»Tierkreislicht«).

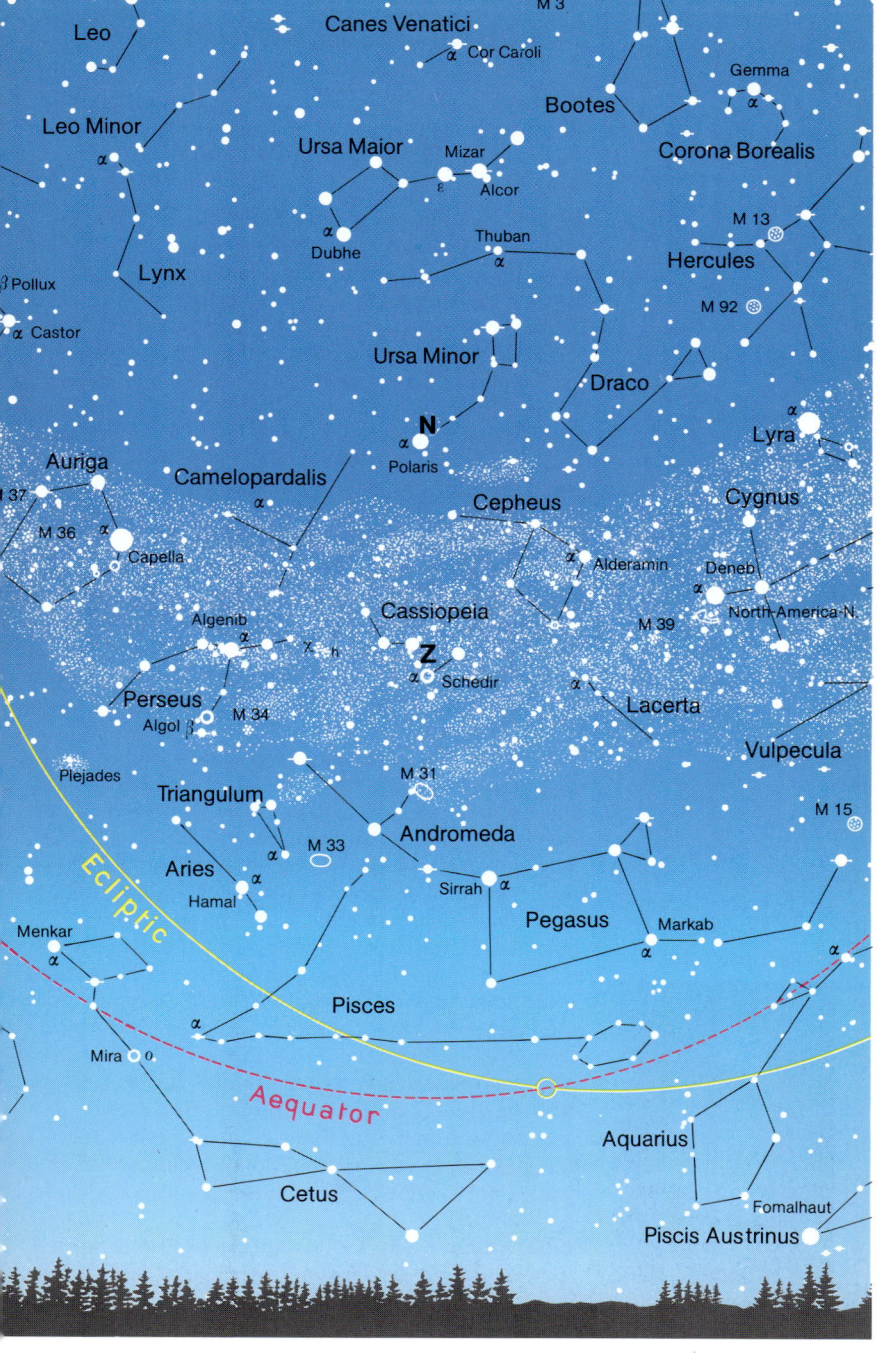

45° Nordbreite

(entspricht der geographischen Breite von Wladiwostok, Bukarest, Turin, Bordeaux und Quebec)

Der Sternhimmel Anfang Februar 20 Uhr
Blickrichtung zum südlichen Horizont

Mitte Februar um 19 Uhr	Anfang März um 18 Uhr
Mitte März um 17 Uhr	Anfang April um 16 Uhr
Mitte Januar um 21 Uhr	Anfang Januar um 22 Uhr
Mitte Dezember um 23 Uhr	Anfang Dezember um 24 Uhr

Anblick des Himmels vom Zenit bis zum Südhorizont Alle hellen Sterne der Wintersternbilder sind zu sehen. In Zenitnähe das Sternbild Auriga (Fuhrmann) mit dem hellen Stern Capella. Unterhalb das Sternbild Taurus (Stier) mit dem rötlichen Hauptstern Aldebaran und dabei die offenen Sternhaufen der Hyaden und der Plejaden (Siebengestirn). Zwischen Zenit und Südhorizont dominierend das Sternbild Orion, dessen rechteckige Form mit den 3 hellen Gürtelsternen nicht zu übersehen ist. Östlich davon das Sternbild Canis Maior (Großer Hund) mit dem hellen Sirius (hellster Stern am Himmel überhaupt!).

Das ausgewählte Sternbild Orion auf dem Himmelsäquator und von allen Orten der Erde aus beobachtbar. Stern α Orionis (arab. Beteigeuze) ist von auffällig rötlicher Färbung, ein Riesenstern mit dem 500fachen Durchmesser unserer Sonne. In der Sage ist Orion Jäger oder Krieger. Fast überall auf der Welt wird dieses Sternbild mit einer menschlichen Gestalt in Verbindung gebracht.

Objekt für den Feldstecher und das kleine Fernrohr Großer Orion-Nebel (M42), ein Gasnebel unterhalb der 3 »Gürtelsterne« des Orion. Der Nebel gehört zu unserer Milchstraße und wird von Sternen zum Leuchten angeregt. Eingebettet im Nebel ein auffälliger Vierfachstern. Wahrscheinlich handelt es sich hier um ein Sternentstehungsgebiet. Das Gas des Nebels besteht zu 60% aus Wasserstoff, zu 38% aus Helium und zu 2% aus Staub. Es lohnt sich mit an die Dunkelheit gewöhnten Augen (Wartezeit ca. 45 Minuten im Dunkeln!) zu beobachten. Erst dann werden die Nebelstrukturen schön sichtbar. Vergrößerung mit einem kleinen Refraktor am besten zwischen 50- und 100fach.

Milchstraße Das Band der Milchstraße zieht sich von Südosten nach Nordwesten. In Zenitnähe schöne Partien in den Sternbildern Auriga (Fuhrmann) und Perseus mit leicht zu erkennenden (Feldstecher!) offenen Sternhaufen.

Zodiakallicht Am Abendhimmel (Westhorizont) aufsteigend entlang der Ekliptik (»Tierkreislicht«).

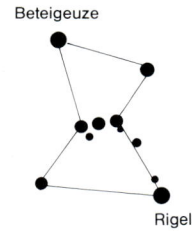

Beteigeuze

Rigel

Orion

Großer Orion-Nebel

45° Nordbreite

(entspricht der geographischen Breite von Wladiwostok, Bukarest, Turin, Bordeaux und Quebec)

Der Sternhimmel Anfang April 20 Uhr
Blickrichtung zum südlichen Horizont

Mitte April um 19 Uhr	Anfang Mai um 18 Uhr
Mitte Mai um 17 Uhr	Anfang Juni um 16 Uhr
Mitte März um 21 Uhr	Anfang März um 22 Uhr
Mitte Februar um 23 Uhr	Anfang Februar um 24 Uhr

Anblick des Himmels vom Zenit bis zum Südhorizont Nordöstlich vom Zenit Ursa Maior (Großer Bär, Großer Wagen). Unterhalb schließt das Sternbild Leo (Löwe) mit dem hellen Stern Regulus an. Den Südwesthimmel beherrschen die Wintersternbilder. Am zenitnächsten das Sternbild Gemini (Zwillinge) mit den hellen und nahe beieinanderstehenden Sternen Castor und Pollux. Orion und Canis Maior (Großer Hund) nähern sich dem Südwesthorizont. Zwischen Zenit und Südhorizont das Sternbild Canis Minor (Kleiner Hund) mit dem hellen Stern Procyon. Mit Richtung auf den Südwesthorizont das ausgedehnte Sternbild Hydra (Wasserschlange). α Hydrae (Alphard) bildet mit Regulus und Procyon ein fast rechtwinkeliges Dreieck.

Das ausgewählte Sternbild Gemini (Zwillinge) ist das nördlichste Tierkreissternbild. Besonders einprägsam die hellen Hauptsterne Castor und Pollux. Am Westende des Sternbildes der mit bloßen Augen sichtbare offene Sternhaufen M 35 mit über 100 Sternen.

Objekt für den Feldstecher und das kleine Fernrohr Hoch über dem Südhorizont, fast schon im Zenit findet der Beobachter in dem unscheinbaren Tierkreissternbild Cancer (Krebs) einen offenen Sternhaufen, den jeder Feldstecher in Einzelsterne auflöst. Er heißt Praesepe (Krippe, Bienenkorb) und trägt die Nummer M 44. Man sucht ihn nördlich der Linie Regulus – Procyon, etwa in der Mitte der gedachten Verbindung. Die Sichtbarkeit charakterisiert den Zustand der Atmosphäre. In einer klaren, dunstfreien Nacht ist der Sternhaufen mit bloßen Augen als Nebelfleck erkennbar. Kommt Dunst auf, wird M 44 unsichtbar.

Meteorstrom Virginiden im April. Radiant nördlich des Hauptsterns Spica im Sternbild Virgo (Jungfrau) am Osthimmel (s. Sternkarte Seite 55). Radiant ist im April von 22 Uhr bis 3 Uhr zu beobachten.

Milchstraße Senkrecht von Nordwest nach Süden. Sternreich in den Sternbildern Gemini (Zwillinge), Canis Maior und Minor (Großer und Kleiner Hund).

Zodiakallicht Am Abendhimmel (Westhorizont) aufsteigend entlang der Ekliptik (»Tierkreislicht«).

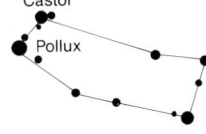

Castor
Pollux

Zwillinge (Gemini)

offener Sternhaufen Praesepe

45° Nordbreite

(entspricht der geographischen Breite von Wladiwostok, Bukarest, Turin, Bordeaux und Quebec)

Der Sternhimmel Anfang Juni 20 Uhr
Blickrichtung zum südlichen Horizont

Mitte Juni um 19 Uhr	Anfang Juli um 18 Uhr
Mitte Juli um 17 Uhr	Anfang August um 16 Uhr
Mitte Mai um 21 Uhr	Anfang Mai um 22 Uhr
Mitte April um 23 Uhr	Anfang April um 24 Uhr

Anblick des Himmels vom Zenit bis zum Südhorizont In Zenitnähe das Sternbild Ursa Maior (Großer Bär, Großer Wagen). Südöstlich davon das Sternbild Bootes mit dem hellen Stern Arcturus; südwestlich das Sternbild Leo (Löwe) mit dem hellen Stern Regulus. Südlich von Bootes das Sternbild Virgo (Jungfrau) mit dem hellen Stern Spica. Weiter südlich das kleine Sternbild Corvus (Rabe), dessen hellere Sterne ein Viereck bilden. Dicht über dem Südhorizont die ersten Sterne des Sternbildes Centaurus (Centaur).

Das ausgewählte Sternbild Bootes (Bärenhüter) mit dem hellen Hauptstern α Botis. Er wird auch Arcturus (Hüter des Bären) genannt. Sein arabischer Name lautet Al Harisa al Sama (Wächter des Himmels). Der Stern fällt nicht nur wegen seiner Helligkeit, sondern auch wegen seiner Farbe auf. Er leuchtet deutlich rotgelb. Scheinbare Helligkeit $-0^m.1$. Arcturus bildet mit den Sternen Regulus und Spica ein gleichschenkeliges Dreieck.

Objekt für den Feldstecher und das kleine Fernrohr Der kugelförmige Sternhaufen M 5 südöstlich von α Bootis (Arcturus). Eine Hilfestellung beim Aufsuchen bieten Sterne der Sternbilder Libra (Waage) und Serpens (Schlange), z. B. α Serpentis (Unuk), s. Sternkarte auf Seite 57. Der kugelförmige Sternhaufen M 5 hat die scheinbare Helligkeit $6^m.3$. Eine Auflösung in Einzelsterne gelingt mit einem kleinen astronomischen Fernrohr bei etwa 40facher Vergrößerung. Aber auch mit dem Feldstecher ist das Objekt gut zu beobachten. Da das Umfeld verhältnismäßig arm an helleren Sternen ist, hebt sich der kugelförmige Sternhaufen ab.

Meteorstrom Juni-Lyriden Mitte Juni. Radiant (s. Sternkarte Seite 57) südlich des hellen Sterns Wega im Sternbild Lyra (Leier) am Osthimmel. Radiant im Juni die ganze Nacht über zu beobachten.

Milchstraße Das Band der Milchstraße zieht von Südosten nach Nordwesten. Wegen Horizontnähe Beobachtung nicht günstig. Erst gegen Mitternacht kommt im Juni die Milchstraße über dem Südhorizont voll zur Geltung.

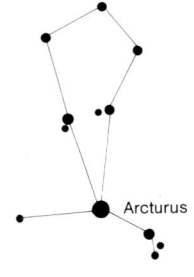

Arcturus

Bärenhüter (Bootes)

kugelförmiger Sternhaufen M 5

45°
Nordbreite

(entspricht der geographischen Breite von Wladiwostok, Bukarest, Turin, Bordeaux und Quebec)

Der Sternhimmel Anfang August 20 Uhr
Blickrichtung zum südlichen Horizont

Mitte August um 19 Uhr	Anfang September um 18 Uhr
Mitte September um 17 Uhr	Anfang Oktober um 16 Uhr
Mitte Juli um 21 Uhr	Anfang Juli um 22 Uhr
Mitte Juni um 23 Uhr	Anfang Juni um 24 Uhr

Anblick des Himmels vom Zenit bis zum Südhorizont Im Zenit nördliche Teile des Sternbildes Hercules. Östlich das Sternbild Lyra (Leier) mit dem hellen Stern Wega, der den westlichen Punkt des »Sommerdreiecks« markiert. Westlich das kleine, aber wegen seiner halbbogenförmigen Sternreihung auffallende Sternbild Corona Borealis (Nördliche Krone) und das Sternbild Bootes (Bärenhüter) mit dem hellen, auffällig rötlichgelben Stern Arcturus. Südlich des Hercules die ausgedehnten Sternbilder Ophiuchus (Schlangenträger) und Serpens (Schlange). Über dem Südhorizont erhebt sich das Sternbild Scorpius (Skorpion).

Das ausgewählte Sternbild Scorpius (Skorpion) ist Tierkreissternbild. Das Sternbild ist über dem Südhorizont in seiner ganzen Ausdehnung zu sehen, also auch die »Schwanzsterne«. Auffallend der helle rötliche Hauptstern Antares (»Rivale des Mars«), der 850mal größer als unsere Sonne ist. Dicht bei Antares der kugelförmige Sternhaufen M 4, der bereits im »Dreizöller« am Rand in Einzelsterne aufgelöst werden kann.

Objekt für den Feldstecher und das kleine Fernrohr Der kugelförmige Sternhaufen M 13 im Sternbild Hercules von der Größenklasse 5^m. Mit bloßen Augen als verwaschener Stern erkennbar. Etwa in der Mitte einer gedachten Verbindungslinie zwischen den hellen Sternen Wega im Sternbild Lyra (Leier) und Arcturus im Sternbild Bootes (Bärenhüter) zu suchen. Der Kugelhaufen hat den beachtlichen scheinbaren Durchmesser von 23 Bogenminuten und ist damit nicht nur der schönste, sondern auch der größte des Nordhimmels.

Meteorstrom Perseiden Mitte Juli bis Mitte August. Radiant (s. Seite 51) im Sternbild Perseus nordwestlich des Sterns α Persei (Algenib). Im August besonders gut nach Mitternacht am Nordosthimmel zu beobachten. Bekannt auch unter dem Namen »Laurentius-Tränen«.

Milchstraße Von Nord nach Süd verläuft das Band der sommerlichen Milchstraße mit besonders schönen Ausschnitten im Bereich des »Sommerdreiecks« und des Sternbildes Sagittarius (Schütze).

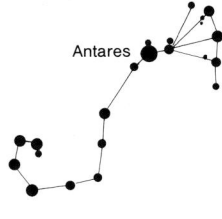

Antares

Skorpion (Scorpius)

kugelförmiger Sternhaufen M 13

56

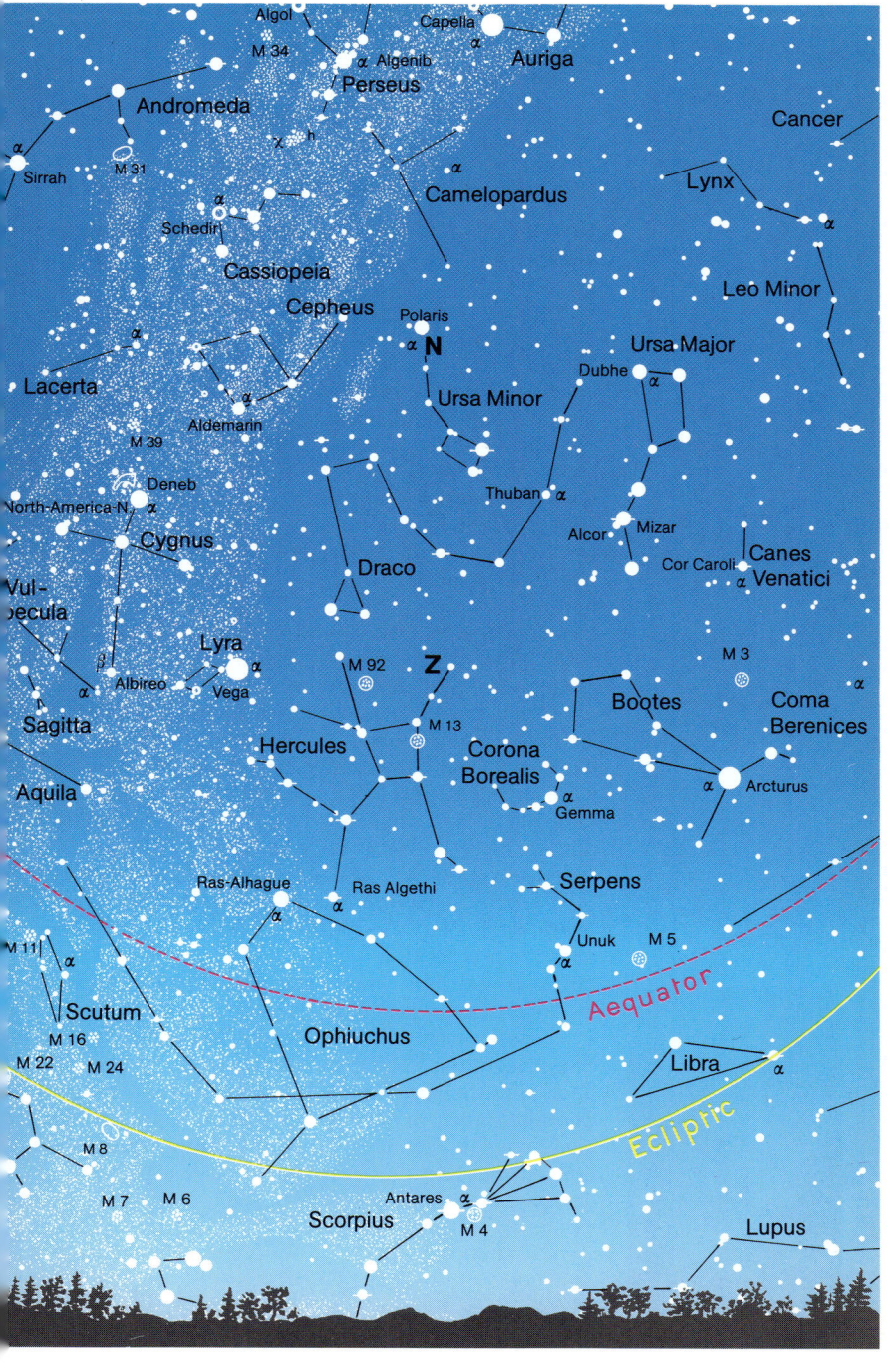

45°
Nordbreite

(entspricht der geographischen Breite von Wladiwostok, Bukarest, Turin, Bordeaux und Quebec)

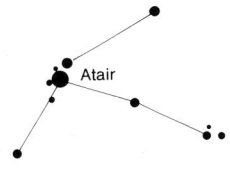

Atair

Adler (Aquila)

Nordamerika-Nebel

Der Sternhimmel Anfang Oktober 20 Uhr

Blickrichtung zum südlichen Horizont

Anfang Dezember um 16 Uhr	Mitte Dezember um 15 Uhr
Anfang November um 18 Uhr	Mitte November um 17 Uhr
Anfang September um 22 Uhr	Mitte Oktober um 19 Uhr
Anfang August um 24 Uhr	Mitte September um 21 Uhr

Anblick des Himmels vom Zenit bis zum Südhorizont Über dem Beobachter das Sternbild Cygnus (Schwan). Stern α Cygni (Deneb) ist ein Markierungsstern des »Sommerdreiecks«. Die beiden anderen Markierungssterne α Lyrae (Wega) und α Aquilae (Atair) befinden sich ebenfalls hoch am Himmel südwestlich vom Zenit. Vergleichsweise ist der übrige Sternhimmel bis hin zum Südhorizont arm an hellen Sternen. Östlich vom Zenit bilden die Sterne des Pegasus ein großflächiges Viereck am Himmel.

Das ausgewählte Sternbild Das Sternbild Aquila (Adler) gleicht tatsächlich einem fliegenden Vogel, dessen Kopf der Stern α Aquilae (Atair) ist. Das Sternbild ist »Äquatorsternbild« und auf der ganzen Erde zu sehen. Mit prächtigen Milchstraßenausschnitten.

Objekt für den Feldstecher und das kleine Fernrohr NGC 7000 oder »Nordamerika-Nebel«. M. Wolf in Heidelberg, der ihn 1890 erstmals fotografierte, gab dem Objekt den Namen wegen der Ähnlichkeit mit den Konturen Nordamerikas. Im Feldstecher ist der Nebel nicht einfach zu beobachten. Voraussetzung sind eine klare, dunkle Nacht und gut dunkeladaptierte Beobachteraugen. Der Nordamerika-Nebel ist ein Gasnebel wie der Große Orion-Nebel (s. Seite 50).

Meteorstrom Giacobiniden in den Tagen um den 10. Oktober. Radiant im Sternbild Draco (Drache) am Nordwesthimmel. Materieteilchen des Kometen Giacobini-Zinner (1900 III).

Milchstraße Vom nordöstlichen Horizont verläuft die Milchstraße quer über den Himmel nach Südwesten. Besonders schöne Milchstraßenpartien in den Sternbildern des »Sommerdreiecks« sowie im Sternbild Sagittarius (Schütze) im Südwesten in Horizontnähe.

Zodiakallicht In der zweiten Oktoberhälfte am Morgenhimmel (s. Sternkarte Seite 51). Aufsuchen am Osthorizont aufsteigend in der Nähe der Ekliptik (daher auch der Name »Tierkreislicht«).

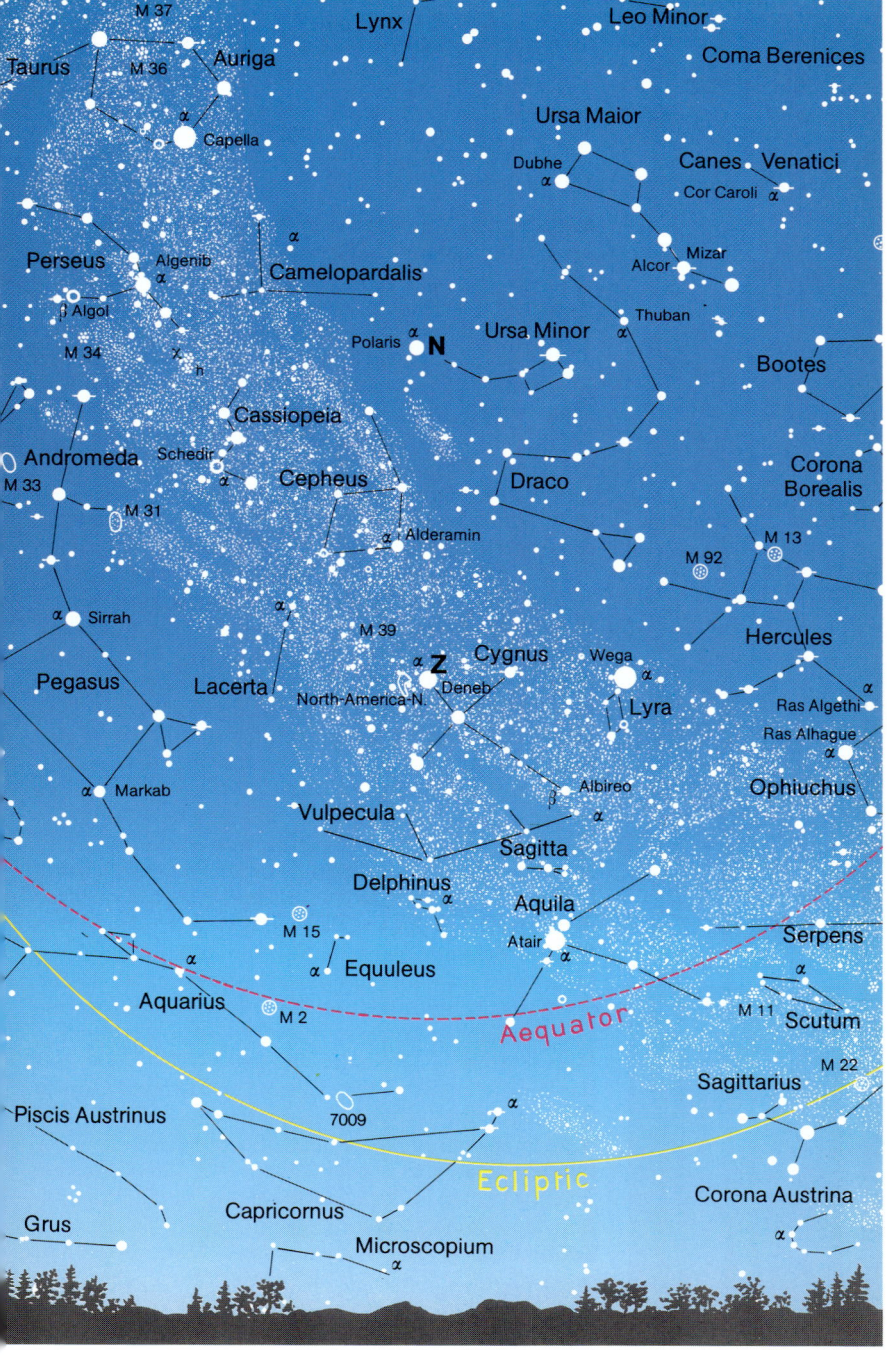

45°
Nordbreite

(entspricht der geographischen Breite von Wladiwostok, Bukarest, Turin, Bordeaux und Quebec)

Der Sternhimmel Anfang Dezember 20 Uhr

Blickrichtung zum südlichen Horizont

Anfang Februar um 16 Uhr
Anfang Januar um 18 Uhr
Anfang November um 22 Uhr
Anfang Oktober um 24 Uhr

Mitte Februar um 15 Uhr
Mitte Januar um 17 Uhr
Mitte Dezember um 19 Uhr
Mitte November um 21 Uhr

Anblick des Himmels vom Zenit bis zum Südhorizont Das Sternbild Andromeda steht im Zenit. Das großflächige Viereck des Pegasus schließt südwestlich an. Weiter in Blickrichtung zum südlichen Horizont sind die Sternbilder auffällig arm an hellen Sternen. Ausgedehnt am südöstlichen Himmel das Sternbild Cetus (Walfisch). Ein »einsamer« heller Stern im Südwesten über dem Horizont α Piscis Austrini (Südlicher Fisch). Sein Name ist Fomalhaut. Er ist 1^m.3 scheinbare Größenklassen hell.

Das ausgewählte Sternbild Andromeda ist als Fortsetzung des Pegasus-Vierecks mit 4 helleren Sternen, die eine leicht gekrümmte Linie bilden, am Nordhimmel ein auffälliges Gebilde. Stern α Andromedae (Sirrah) ist auch Eckstern des Pegasus-Vierecks. Am weitesten östlich der Stern γ Andromedae, arabisch Alamak. Er ist ein Doppelstern mit einem orange leuchtenden helleren Stern und einem weißen schwächeren Begleiter. Im kleinen Fernrohr bequem zu trennen.

Objekt für den Feldstecher und das kleine Fernrohr Der berühmte Spiralnebel im Sternbild Andromeda. Schon mit freiem Auge in dunkler Nacht als länglicher Lichtfleck oberhalb des mittleren Andromeda-Sterns zu sehen. Der Andromeda-Nebel (M 31) ist eine der nächsten Galaxien. Zusammen mit unserem Milchstraßensystem und 16 anderen Galaxien bildet er die »Lokale Gruppe«. Zu ihr gehören auch die beiden Magellanschen Wolken (s. Seite 86 und Seite 94). Im Feldstecher erkennt man deutlich die Form. Im kleineren Fernrohr erscheint der Kern kräftiger. Spiralarme und Einzelsterne lassen sich nur fotografisch erfassen.

Meteorstrom Geminiden vom 6. bis 17. Dezember. Radiant nahe dem Stern Castor im Sternbild Gemini (Zwillinge) am Osthimmel (s. Sternkarte Seite 51). Radiant ist die ganze Nacht über zu beobachten.

Milchstraße Quer vom Osthimmel nach Westen. Schöne Partien in der Umgebung des Sternbildes Cassiopeia nahe dem Zenit.

Zodiakallicht Am Morgenhimmel (Osthorizont) aufsteigend in der Nähe der Ekliptik (»Tierkreislicht«).

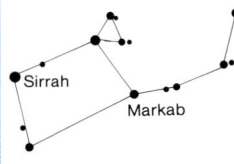

Sirrah

Markab

Pegasus

Andromeda-Nebel

20° Nordbreite

(entspricht der geographischen Breite von Hanoi, Bombay, Mekka und Mexico City)

Der Sternhimmel Anfang Februar 20 Uhr
Blickrichtung zum südlichen Horizont

Mitte Februar um 19 Uhr	Anfang März um 18 Uhr
Mitte März um 17 Uhr	Anfang April um 16 Uhr
Mitte Januar um 21 Uhr	Anfang Januar um 22 Uhr
Mitte Dezember um 23 Uhr	Anfang Dezember um 24 Uhr

Anblick des Himmels vom Zenit bis zum Südhorizont Für einen Reisenden aus Nordeuropa gibt es eine Menge Überraschungen. Das Sternbild Taurus (Stier) mit dem rötlichen Hauptstern Aldebaran steht im Zenit. Hoch am Himmel die Sternbilder Orion, Gemini (Zwillinge), Canis Minor (Kleiner Hund) und Canis Maior (Großer Hund) mit dem strahlend hellen Stern Sirius. Südlich vom Sirius leuchtet der zweithellste Stern des Himmels: Canopus ($-0^m.7$), Hauptstern des Sternbilds Carina (Schiffskiel). 2 kleinere Sternbilder schließen südlich an den Orion an: Lepus (Hase) und Columba (Taube). Die Sterne Rigel (Orion), Sirius (Canis Maior) und Canopus (Carina) bilden ein rechtwinkliges Dreieck (Rechter Winkel bei Sirius).

Das ausgewählte Sternbild Das Sternbild Ursa Minor (Kleiner Bär) ist bekannt wegen des Hauptsterns: Polaris, der Polarstern (s. auch Seite 14 ff.). Als Leitstern für die Orientierung nach Norden war das Sternbild den seefahrenden Phöniziern bekannt. Von ihnen soll Thales von Milet den Namen Kleiner Bär übernommen und den Griechen bekannt gemacht haben.

Objekt für den Feldstecher und das kleine Fernrohr Der offene Sternhaufen M41 im Sternbild Canis Maior (Großer Hund). Etwa 4° südlich des hellen Sterns Sirius entdeckt der Beobachter ein sternreiches Gebiet mit einem rötlich leuchtenden Stern in der Mitte. Es ist M41, für die Beobachtung mit dem Feldstecher ein dankbares Objekt. Die Gesamthelligkeit liegt bei 5^m. Unter sehr guten Luftverhältnissen ist M41 als Nebelfleck mit bloßen Augen zu sehen.

Milchstraße Die Milchstraße steht hoch am Himmel und dehnt sich zwischen Nordwest- und Südwesthorizont aus. Besonders sternreiche Felder in den Sternbildern Canis Minor (Kleiner Hund), Monoceros (Einhorn) und Puppis (Hinterdeck des Schiffes).

Zodiakallicht Mit wachsender Nähe zum Äquator verbessert sich die Beobachtbarkeit des Zodiakallichts (»Tierkreislicht«). Seine Helligkeit erreicht die Helligkeit der Milchstraße. Entlang der Ekliptik am Morgen- und Abendhimmel beobachtbar.

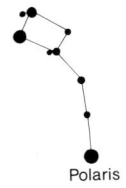

Polaris

Kleiner Bär, Kleiner Wagen
(Ursa Minor)

offener Sternhaufen M41

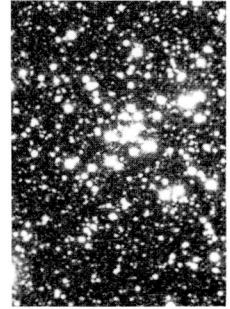

20° Nordbreite

(entspricht der geographischen Breite von Hanoi, Bombay, Mekka und Mexico City)

Der Sternhimmel Anfang April 20 Uhr
Blickrichtung zum südlichen Horizont

Mitte April um 19 Uhr	Anfang Mai um 18 Uhr
Mitte Mai um 17 Uhr	Anfang Juni um 16 Uhr
Mitte März um 21 Uhr	Anfang März um 22 Uhr
Mitte Februar um 23 Uhr	Anfang Februar um 24 Uhr

Anblick des Himmels vom Zenit bis zum Südhorizont Das Tierkreissternbild Cancer (Krebs) ist im Zenit. Westlich davon stehen hoch am Himmel die Sternbilder Gemini (Zwillinge) und Canis Minor (Kleiner Hund). Nachbar im Osten ist das Sternbild Leo (Löwe). Der Südhimmel ist verhältnismäßig arm an hellen Sternen. Es schließen an die Sternbilder Hydra (Wasserschlange), Antlia (Luftpumpe), Pyxis (Kompaß) und Puppis (Hinterdeck des Schiffes). Erst das Sternbild Vela (Segel) bringt wieder eine Reihe Sterne 2. Größenklasse. Am Südwesthimmel glänzen die zwei hellen Sterne Sirius (Canis Maior) und Canopus (Carina). Das Sternbild Carina (Schiffskiel), das sehr sternreich ist, erstreckt sich über dem Südhorizont.

Das ausgewählte Sternbild Canis Maior (Großer Hund) mit dem Hauptstern Sirius, dem hellsten Stern am Himmel überhaupt ($-1^m.4$). Dieser Stern wird auch »Hundsstern« genannt, dessen Frühaufgang in den Hochsommer der Nordbreiten fällt und Tage hochsommerlicher Wärme einleiten soll (»Hundstage«).

Objekt für den Feldstecher und das kleine Fernrohr Die Galaxie M 66 gehört zu einer Gruppe von extragalaktischen Systemen im Sternbild Löwe. Sie findet sich nahe dem hellen Stern 73 Leonis ($5^m.5$). Die Gesamthelligkeit von M 66 beträgt 9^m. Für Feldstecher ein schwieriges Objekt. Unmittelbar neben M 66 befindet sich die Galaxie M 65 mit der Helligkeit 10^m. Das Aussehen beider Galaxien ist mit demjenigen des Andromeda-Nebels (s. Seite 60) vergleichbar. Mit einem Spiegelteleskop von 20 cm Öffnung sind diese Galaxien aufzufinden. Die Struktur des nebenstehenden Fotos kann der Beobachter allerdings nicht sehen.

Meteorstrom Virginiden im April. Radiant nördlich des Hauptsterns Spica im Sternbild Virgo (Jungfrau) am Osthimmel (s. Sternkarte auf Seite 55). Radiant ist im April von 22 Uhr bis 3 Uhr zu beobachten.

Milchstraße Schöne Ausschnitte in den Sternbildern Puppis (Hinterdeck des Schiffes) und Vela (Segel).

Zodiakallicht Entlang der Ekliptik (»Tierkreislicht«) am Morgen- und Abendhimmel beobachtbar.

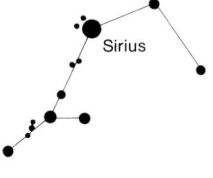

Sirius

Großer Hund
(Canis Maior)

Galaxie M 66

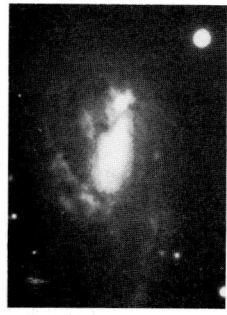

20°
Nordbreite

(entspricht der geographischen Breite von Hanoi, Bombay, Mekka und Mexico City)

Der Sternhimmel Anfang Juni 20 Uhr
Blickrichtung zum südlichen Horizont

Mitte Juni um 19 Uhr	Anfang Juli um 18 Uhr
Mitte Juli um 17 Uhr	Anfang August um 16 Uhr
Mitte Mai um 21 Uhr	Anfang Mai um 22 Uhr
Mitte April um 23 Uhr	Anfang April um 24 Uhr

Anblick des Himmels vom Zenit bis zum Südhorizont Über dem Beobachter das an hellen Sternen arme Sternbild Coma Berenices (Haar der Berenice), flankiert vom Sternbild Bootes mit dem rötlichen Stern Arcturus im Osten und Leo (Löwe) mit dem hellen Stern Regulus im Westen. Nach Süden folgt das Sternbild Virgo (Jungfrau) mit dem hellen Stern Spica. Direkt im Süden hat der Beobachter in mittlerer Höhe das kleine Sternbild Corvus (Rabe) vor sich, dessen hellere Sterne ein unregelmäßiges Viereck bilden. Am Südhorizont 2 markante Sternbilder des Südhimmels: Centaurus (Centaur) und Crux (Kreuz des Südens).

Das ausgewählte Sternbild Corvus (Rabe) südlich des Sternbilds Virgo (Jungfrau) ist wegen der viereckigen Anordnung seiner 4 wichtigsten, gleich hellen Sterne ein einprägsames unter den kleineren Sternbildern.

Objekt für den Feldstecher und das kleine Fernrohr Nördlich des Sterns δ Corvi sucht der Beobachter M 104. Mit der Helligkeit $8^m.7$ ist diese Galaxie unter den extragalaktischen Objekten ein helleres. Sie gehört zu den Ausläufern eines ausgedehnten Galaxien-Haufens mit dem Schwerpunkt in den Sternbildern Jungfrau und Coma Berenices. Es lohnt mit einem mittleren mit Weitwinkelokularen ausgestatteten Fernrohr bei Vergrößerungen von 20- bis 50fach vom Sternbild Corvus nordwärts bis zum Zenit auf »Jagd« zu gehen (Spiegelfernrohr mit 15 bis 20 cm Öffnung).

Meteorstrom Juni-Lyriden Mitte Juni. Radiant südlich des hellen Sterns Wega im Sternbild Lyra (Leier) am Osthimmel (s. Sternkarte Seite 57). Radiant im Juni die ganze Nacht über zu beobachten.

Milchstraße Milchstraße ist nur in Horizontnähe (Osten, Süden, Westen und Norden!) zu sehen. Erst im Verlauf der Nacht gelangen eindrucksvolle Partien in Meridiannähe (Sternbilder Scorpius und Sagittarius).

Zodiakallicht Mit wachsender Nähe zum Äquator verbessert sich die Beobachtbarkeit des Zodiakallichts (»Tierkreislicht«). Seine Helligkeit erreicht die Helligkeit der Milchstraße. Entlang der Ekliptik am Morgenhimmel (Osten) und Abendhimmel (Westen) beobachtbar.

Alchiba

Rabe (Corvus)

Galaxie M 104

20°
Nordbreite

(entspricht der geographischen Breite von Hanoi, Bombay, Mekka und Mexico City)

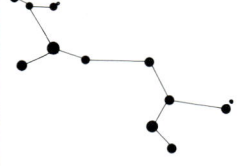

Schütze (Sagittarius)

offener Sternhaufen M 7

Der Sternhimmel Anfang August 20 Uhr
Blickrichtung zum südlichen Horizont

Mitte August um 19 Uhr	Anfang September um 18 Uhr
Mitte September um 17 Uhr	Anfang Oktober um 16 Uhr
Mitte Juli um 21 Uhr	Anfang Juli um 22 Uhr
Mitte Juni um 23 Uhr	Anfang Juni um 24 Uhr

Anblick des Himmels vom Zenit bis zum Südhorizont Im Zenit eine sternarme Region des südlichen Teils des Sternbilds Hercules. Den schönsten Anblick bietet zwischen Zenit und Südhorizont das Sternbild Scorpius (Skorpion) mit dem rötlich strahlenden Hauptstern Antares, der sich nahe der Nord-Süd-Linie am Beobachtungsort befindet. Im Osten flankiert vom Sternbild Sagittarius (Schütze), das ebenfalls wegen seiner schönen Milchstraßenabschnitte berühmt ist.

Das ausgewählte Sternbild Sagittarius (Schütze) zählt zu den Tierkreissternbildern. Das Sternbild ist besonders reich an offenen Sternhaufen und Kugelsternhaufen sowie an Gasnebeln. Bereits bei einem »Spaziergang« mit dem Feldstecher kann sich der Sternfreund davon mühelos überzeugen. Besonders interessant der westliche Teil des Sternbilds nahe dem Sternbild Scorpius (Skorpion).

Objekt für den Feldstecher und das kleine Fernrohr Nahe den »Schwanzsternen« des Skorpions die offenen Sternhaufen M 6 und M 7. Eine Milchstraßenwolke macht es nicht ganz einfach, M 7 aus dem Sterngewirr sofort herauszufinden. M 7 hat zahlreiche Sterne mit Helligkeiten von 8^m bis 12^m. Mit bloßen Augen erkennt man den Sternhaufen als nebligen Fleck.

Meteorstrom Perseiden Mitte Juli bis Mitte August. Radiant im Sternbild Perseus nordwestlich des Sterns α Persei (Algenib). Im August besonders gut nach Mitternacht am Nordosthimmel zu beobachten. Bekannt auch unter dem Namen »Laurentius-Tränen«.

Milchstraße Von Nord nach Süd zieht das Band der Milchstraße und bietet dem Beobachter überwältigende Beobachtungsmöglichkeiten in Form von Sternwolken, Gas- und Dunkelnebeln, offenen Sternhaufen und Kugelsternhaufen. In 20° Nordbreite sind es dabei vor allem die Abschnitte südlich des Himmelsäquators, die Aufmerksamkeit verdienen.

Zodiakallicht Mit wachsender Nähe zum Äquator verbessert sich die Beobachtbarkeit des Zodiakallichts (»Tierkreislicht«). Seine Helligkeit erreicht die Helligkeit der Milchstraße.

68

20°
Nordbreite

(entspricht der geographischen Breite von Hanoi, Bombay, Mekka und Mexico City)

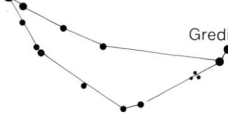

Gredi

Steinbock (Capricornus)

kugelförmiger Stern-
haufen M 15

Der Sternhimmel Anfang Oktober 20 Uhr
Blickrichtung zum südlichen Horizont

Mitte Oktober um 19 Uhr	Anfang November um 18 Uhr
Mitte November um 17 Uhr	Anfang Dezember um 16 Uhr
Mitte September um 21 Uhr	Anfang September um 22 Uhr
Mitte August um 23 Uhr	Anfang August um 24 Uhr

Anblick des Himmels vom Zenit bis zum Südhorizont In Zenitnähe das Sommerdreieck mit den hellen Sternen Deneb im Sternbild Cygnus (Schwan), Atair im Sternbild Aquila (Adler) und Wega im Sternbild Lyra (Leier). Östlich vom Zenit ist das großflächige Sternbild Pegasus, dessen helle Sterne ein auffälliges Viereck bilden. Arm an hellen Sternen ist der Himmel hin zum Südhorizont. Direkt im Süden sieht man die Sternbilder Capricornus (Steinbock), Microscopium (Mikroskop) und Indus (Indianer). Am südöstlichen Himmel die Sternbilder Piscis Austrinus (Südlicher Fisch) mit dem hellen Stern Fomalhaut und Grus (Kranich).

Das ausgewählte Sternbild Capricornus (Steinbock) zählt zu den Tierkreissternbildern. In seiner ganzen Ausdehnung ist es ein Sternbild des Südhimmels. Auch ohne hellere Sterne ist es kenntlich an seiner dreieckigen Gestalt. Der Name hat nichts mit dem im Hochgebirge lebenden Steinbock zu tun. Gemeint ist vielmehr ein gehörnter Fisch des Roten Meeres.

Objekt für den Feldstecher und das kleine Fernrohr Der kugelförmige Sternhaufen M 15 ist am westlichen Rand des Sternbilds Pegasus, nahe dem Stern Enif (s. Seite 35) leicht mit einem Feldstecher oder Fernrohr aufzufinden. Die scheinbare Helligkeit beträgt $6^m.2$. Entdeckt wurde dieser Sternhaufen 1745 von Maraldi. Wie bei anderen kugelförmigen Sternhaufen, ist es selbst mit größeren Fernrohren nicht möglich, das Zentrum in Einzelsterne aufzulösen. Die hellsten Einzelsterne haben scheinbare Helligkeiten um $14^m.5$.

Meteorstrom Giacobiniden um den 10. Oktober. Radiant im Sternbild Draco (Drache) am Nordwesthimmel.

Milchstraße Vom nordöstlichen Horizont verläuft die Milchstraße quer über den Himmel nach Südwesten und erreicht Zenithöhe im Sommerdreieck. Hier und im Sternbild Sagittarius (Schütze) viele Objekte.

Zodiakallicht Mit wachsender Nähe zum Äquator verbessert sich die Beobachtbarkeit des Zodiakallichts (»Tierkreislicht«). Seine Helligkeit erreicht die Helligkeit der Milchstraße.

20° Nordbreite

(entspricht der geographischen Breite von Hanoi, Bombay, Mekka und Mexico City)

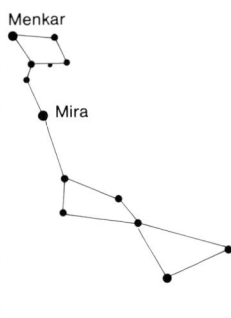

Menkar

Mira

Walfisch (Cetus)

Galaxie NGC 253

Der Sternhimmel Anfang Dezember 20 Uhr

Blickrichtung zum südlichen Horizont

Mitte Dezember um 19 Uhr	Anfang Januar um 18 Uhr
Mitte Januar um 17 Uhr	Anfang Februar um 16 Uhr
Mitte November um 21 Uhr	Anfang November um 22 Uhr
Mitte Oktober um 23 Uhr	Anfang Oktober um 24 Uhr

Anblick des Himmels vom Zenit bis zum Südhorizont Das Viereck des Sternbilds Pegasus ist im Zenit. Pisces (Fische), Cetus (Walfisch), Sculptor (Bildhauerwerkstatt) und Phoenix schließen nach Süden an. Einsam 2 helle Sterne über dem Südhorizont: der Stern 1. Größenklasse Fomalhaut im Sternbild Piscis Austrinus und der hellere Achernar im Sternbild Eridanus.

Das ausgewählte Sternbild Hoch am Himmel das Sternbild Cetus (Walfisch), das vor allem wegen des Sterns Mira (»Der Wunderbare«) bekannt geworden ist. σ Ceti oder Mira ist ein langperiodischer veränderlicher Stern. Seine Lichtschwankungen wurden 1596 entdeckt. Die Helligkeit verändert sich innerhalb von 332 Tagen zwischen 2. (Maximum) und 10. Größenklasse (Minimum). Der Stern hat eine rötliche Farbe.

Objekt für den Feldstecher und das kleine Fernrohr Galaxie NGC (= New General Catalogue) 253 im Sternbild Sculptor. Zum Aufsuchen geht der Beobachter vom hellen Stern β Ceti ($2^m.2$) aus. NGC 253 befindet sich etwa 7½° südlich dieses Sterns. Hat man das Fernrohr um diese Distanz nach Süden geschwenkt, wartet man 5.5 Minuten bei stehendem Fernrohr, und das Objekt erscheint. Um diese Sterndrift-Methode erfolgreich zu benützen, empfiehlt sich ein Weitwinkelokular mit geringer Vergrößerung. Die scheinbare Helligkeit liegt bei 7^m. In einem Fernrohr von 15 cm Öffnung erkennt man das mit dem Andromeda-Nebel (s. Seite 60) vergleichbare Aussehen.

Meteorstrom Geminiden vom 6. bis 17. Dezember. Radiant nahe dem Stern Castor im Sternbild Gemini (Zwillinge) am Osthimmel (s. Sternkarte Seite 51). Radiant ist die ganze Nacht über zu beobachten.

Milchstraße Der Beobachter muß nordwärts schauen. Schöne Milchstraßenfelder nördlich vom Zenit im Sternbild Cassiopeia und Umgebung.

Zodiakallicht Mit wachsender Nähe zum Äquator verbessert sich die Beobachtbarkeit des Zodiakallichts (»Tierkreislicht«). Seine Helligkeit erreicht die Helligkeit der Milchstraße. Entlang der Ekliptik am Morgen- und Abendhimmel beobachtbar.

72

20° Südbreite

(entspricht der geographischen Breite von Port Louis auf Mauritius, Windhuk, Rio de Janeiro und den Tonga-Inseln in der Südsee)

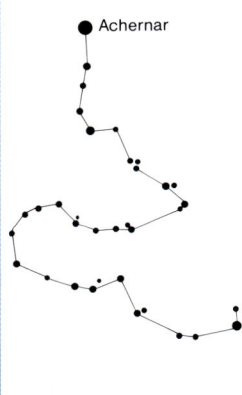

● Achernar

Eridanus

kugelförmiger Sternhaufen M 79

Der Sternhimmel Anfang Februar 20 Uhr
Blickrichtung zum nördlichen Horizont

Mitte Februar um 19 Uhr	Anfang März um 18 Uhr
Mitte März um 17 Uhr	Anfang April um 16 Uhr
Mitte Januar um 21 Uhr	Anfang Januar um 22 Uhr
Mitte Dezember um 23 Uhr	Anfang Dezember um 24 Uhr

Anblick des Himmels vom Zenit bis zum Nordhorizont Auffallend viele helle und hellste Sterne östlich und südöstlich vom Zenit: hoch am Himmel der hellste Stern des Himmels, Sirius, im Sternbild Canis Maior (Großer Hund) östlich vom Zenit; nach Süden folgt der helle Stern Canopus im Sternbild Carina (Schiffskiel). Nur ein wenig tiefer als das Zenit nach Norden hin das Sternbild Orion. Für den Beobachter aus Europa ein ungewohnter Anblick: Orion steht Kopf. Auch alle weiter nach Norden beobachtbaren Sternbilder stehen bei der oberen Kulmination Kopf: Taurus (Stier) mit dem rötlichen Aldebaran, Auriga (Fuhrmann) mit dem hellen Stern Capella und Gemini (Zwillinge) mit den hellen Sternen Castor und Pollux. Der Himmel vom Zenit hin zum Nordwesthorizont weist weniger helle Sterne auf. Schön zu sehen die Plejaden (Siebengestirn) zwischen Aldebaran und Algol (Sternbild Perseus).

Das ausgewählte Sternbild Eridanus mit dem hellen Hauptstern Achernar. Das Sternbild ist sehr ausgedehnt und zieht sich vom südlichen Orion bis in die Nähe des südlichen Himmelspols. Achernar beherrscht den Südwesthimmel.

Objekt für den Feldstecher und das kleine Fernrohr Etwa 5° südlich des Sterns β Leporis sucht der Beobachter den kugelförmigen Sternhaufen M 79. Die scheinbare Helligkeit liegt bei 8^m. Während Einzelsterne am Rand im mittelgroßen Fernrohr (15-cm-Spiegel) sichtbar werden, bleiben sie im Zentrum unsichtbar.

Milchstraße Östlich vom Zenit zieht das Band der Milchstraße vom südlichen Horizont zum nördlichen. Besondere Aufmerksamkeit des Beobachters verdienen die Sternwolken in den Sternbildern Vela (Segel), Puppis (Hinterdeck des Schiffes), Canis Maior (Großer Hund) und Monoceros (Einhorn).

Zodiakallicht Mit wachsender Nähe zum Äquator verbessert sich die Sichtbarkeit des Zodiakallichts (»Tierkreislicht«), das am Äquator am schönsten zu sehen ist. Seine Helligkeit erreicht die Helligkeit der Milchstraße. Entlang der Ekliptik am Morgen- und Abendhimmel (kein Mondschein!) beobachtbar.

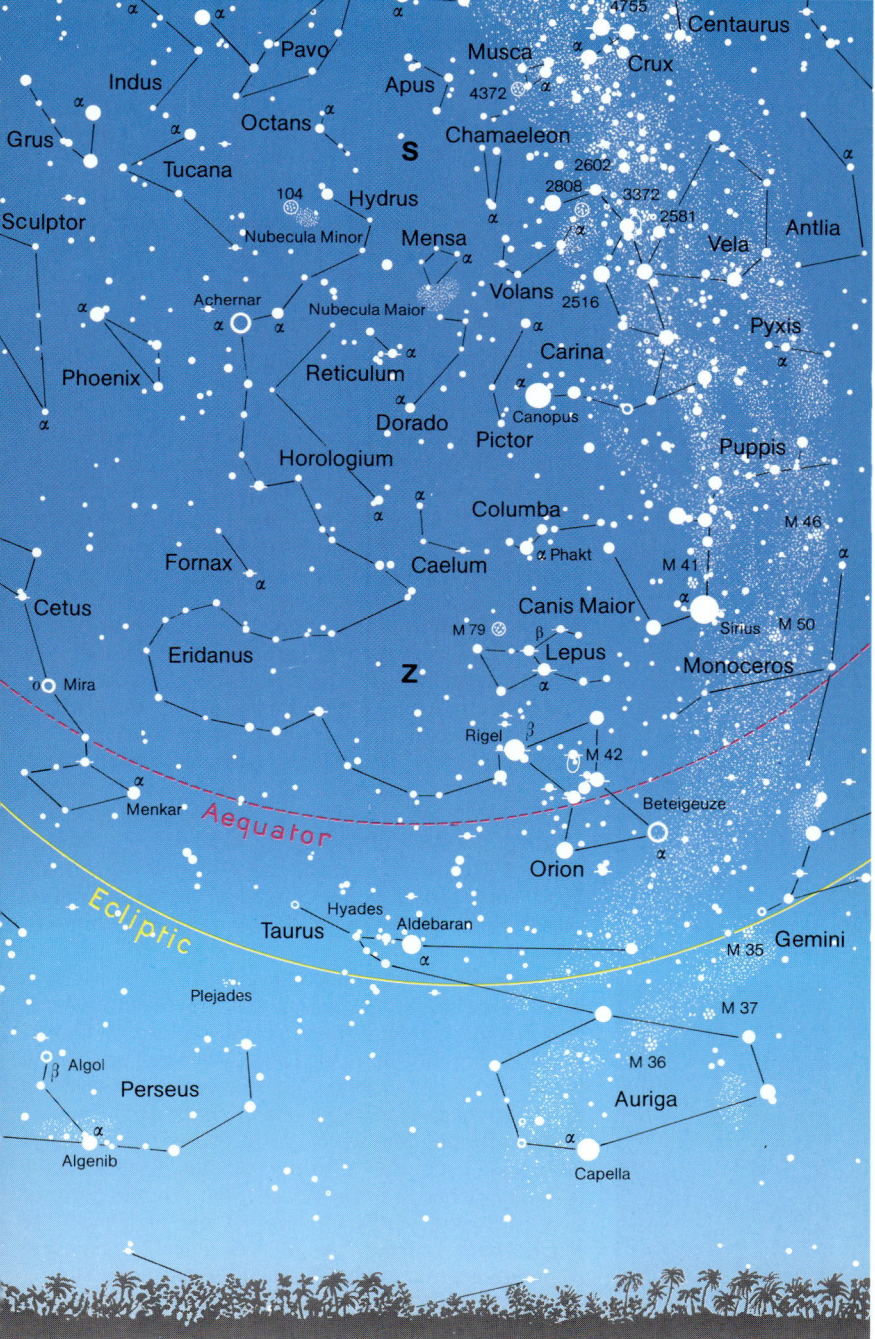

20° Südbreite

(entspricht der geographischen Breite von Port Louis auf Mauritius, Windhuk, Rio de Janeiro und den Tonga-Inseln in der Südsee)

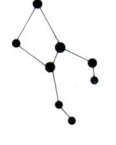

Hase (Lepus)

offener Sternhaufen M 46

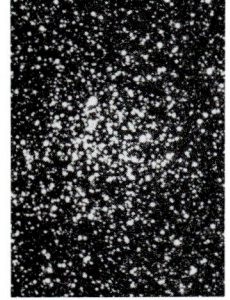

Der Sternhimmel Anfang April 20 Uhr
Blickrichtung zum nördlichen Horizont

Mitte April um 19 Uhr	Anfang Mai um 18 Uhr
Mitte Mai um 17 Uhr	Anfang Juni um 16 Uhr
Mitte März um 21 Uhr	Anfang März um 22 Uhr
Mitte Februar um 23 Uhr	Anfang Februar um 24 Uhr

Anblick des Himmels vom Zenit bis zum Nordhorizont Der Beobachter wird zunächst wahrscheinlich eher vom Zenit westwärts schauen, wo er die Sternbilder Canis Maior (Großer Hund) und Orion mit ihren hellen Sternen sieht. Auch ein Blick »rückwärts« nach Süden führt hinein in eine sternreiche kosmische Landschaft mit den Sternbildern Carina (Schiffskiel), Vela (Segel) und Crux (Kreuz des Südens). Sternbilder mit Blickrichtung Norden sind Canis Minor (Kleiner Hund), Gemini (Zwillinge) und nach Nordosten Leo (Löwe). Das »Auf-dem-Kopf-Stehen« fällt vor allem beim Sternbild Leo auf, wenn man den Anblick in nördlichen Breiten gewöhnt ist. Hoch am Himmel zwischen Zenit und Nordhorizont das Sternbild Cancer (Krebs) mit dem offenen Sternhaufen Praesepe (s. Seite 52).

Das ausgewählte Sternbild Lepus (Hase) südlich vom Orion. Das Sternbild besteht aus 11 Sternen, die alle etwa die gleiche scheinbare Helligkeit aufweisen, zwischen der 3. und 4. Größenklasse. Mit etwas Phantasie erkennt man die Silhouette eines Hasen.

Objekt für den Feldstecher und das kleine Fernrohr Ein sehr schöner offener Sternhaufen ist der mit der Nummer M 46 gekennzeichnete im Sternbild Puppis (Hinterdeck des Schiffes). Er bildet mit den Sternen Procyon (Canis Minor) und Sirius (Canis Maior) ein gleichseitiges Dreieck. Gesamthelligkeit dieses offenen Sternhaufens 6^m. Mehr als 200 Sterne sind in ihm auszumachen.

Milchstraße Fast senkrecht über dem Beobachter sind mit die schönsten Sternwolken der Milchstraße, in den Sternbildern Monoceros (Einhorn), Puppis (Hinterdeck des Schiffes) und Vela (Segel). Weiter nach Süden findet man das Sternbild Crux (Kreuz des Südens) mit eindrucksvollen Abschnitten der Milchstraße.

Zodiakallicht Mit wachsender Nähe zum Äquator verbessert sich die Sichtbarkeit des Zodiakallichts (»Tierkreislicht«), das am Äquator am schönsten zu sehen ist. Seine Helligkeit erreicht die Helligkeit der Milchstraße. Entlang der Ekliptik am Morgen- und Abendhimmel (kein Mondschein!) beobachtbar.

20° Südbreite

(entspricht der geographischen Breite von Port Louis auf Mauritius, Windhuk, Rio de Janeiro und den Tonga-Inseln in der Südsee)

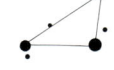

Waage (Libra)

kugelförmiger Sternhaufen Omega Centauri

Der Sternhimmel Anfang Juni 20 Uhr

Blickrichtung zum nördlichen Horizont

Mitte Juni um 19 Uhr	Anfang Juli um 18 Uhr
Mitte Juli um 17 Uhr	Anfang August um 16 Uhr
Mitte Mai um 21 Uhr	Anfang Mai um 22 Uhr
Mitte April um 23 Uhr	Anfang April um 24 Uhr

Anblick des Himmels vom Zenit bis zum Nordhorizont Ein kurzer Blick »rückwärts« nach Süden: die bekanntesten Sternbilder des Südhimmels vor Augen. Allen voran das Sternbild Crux (Kreuz des Südens). Im Zenit das Sternbild Corvus (Rabe), dessen hellere Sterne ein unregelmäßiges Viereck bilden. Im Nordwesten das Sternbild Leo (Löwe). Unmittelbar an das Sternbild Corvus schließt das Tierkreissternbild Virgo (Jungfrau) mit dem hellen Stern Spica an. Weiter nordöstlich das Sternbild Bootes mit dem rötlichen Stern Arcturus. Tief am Nordhorizont das in Europa so dominierende Sternbild Ursa Maioris (Großer Bär).

Das ausgewählte Sternbild Libra (Waage), ein Tierkreissternbild. In dieser geographischen Breite steht es im Juni hoch am Himmel. Am hellsten ist der Stern β Librae, der den arabischen Namen Zuben Elschemali führt. Ein Stern mit der scheinbaren Helligkeit $2^m.7$. Der Stern α Librae ist ein optischer Doppelstern, d. h. 2 Sterne ($5^m.3$ und $2^m.9$) stehen relativ nahe beieinander, ohne ein echtes Sternsystem zu bilden.

Objekt für den Feldstecher und das kleine Fernrohr Das vom Zenit südöstlich zu suchende Sternbild Centaurus (Centaur) zeigt den berühmten kugelförmigen Sternhaufen ω Centauri. Der Sternhaufen hat einen scheinbaren Durchmesser, der ungefähr demjenigen des Vollmondes (!) entspricht. Gesamthelligkeit etwa 4^m, also bereits mit bloßen Augen erkennbar. Dieser Sternhaufen gilt als eines der schönsten Objekte am Himmel überhaupt! Auf der Karte rechts ist seine Position mit der NGC-Nummer 5139 angegeben.

Milchstraße Der Beobachter sieht die eindrucksvollen Sternwolken in den Sternbildern Scorpius (Skorpion), Centaurus (Centaur), Crux (Kreuz des Südens), Vela (Segel) und Puppis (Hinterdeck des Schiffes) in einem Panorama.

Zodiakallicht Mit wachsender Nähe zum Äquator verbessert sich die Sichtbarkeit des Zodiakallichts (»Tierkreislicht«), das am Äquator am schönsten zu sehen ist. Entlang der Ekliptik am Morgen- und Abendhimmel (kein Mondschein!) beobachtbar.

20° Südbreite

(entspricht der geographischen Breite von Port Louis auf Mauritius, Windhuk, Rio de Janeiro und den Tonga-Inseln in der Südsee)

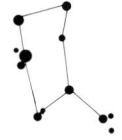

Wolf (Lupus)

kugelförmiger Sternhaufen M 4

Der Sternhimmel Anfang August 20 Uhr

Blickrichtung zum nördlichen Horizont

Mitte August um 19 Uhr	Anfang September um 18 Uhr
Mitte September um 17 Uhr	Anfang Oktober um 22 Uhr
Mitte Juli um 21 Uhr	Anfang Juli um 22 Uhr
Mitte Juni um 23 Uhr	Anfang Juni um 24 Uhr

Anblick des Himmels vom Zenit bis zum Nordhorizont Ein faszinierender Anblick: das Sternbild Scorpius (Skorpion) in seiner ganzen Ausdehnung fast senkrecht über dem Beobachter. Nach Osten schließt das Sternbild Sagittarius (Schütze) mit seinen Sternhaufen und Gasnebeln an. Nach Norden schließen die Sternbilder Ophiuchus (Schlangenträger), Hercules und Corona Borealis (Nördliche Krone) an. Das in Europa so bekannte Sternbild Lyra (Leier) mit dem hellen Stern Wega erscheint nahe dem nordöstlichen Horizont.

Das ausgewählte Sternbild Lupus (Wolf) mit 5 Sternen, deren scheinbare Helligkeit größer als $3^m.5$ ist. Das Sternbild schließt südwestlich an das Sternbild Scorpius (Skorpion) an. Schöne Milchstraßenwolken verstärken den Eindruck einer an Sternen reichen Himmelsgegend.

Objekt für den Feldstecher und das kleine Fernrohr Unmittelbar neben dem Hauptstern Antares des Sternbildes Skorpion findet der Beobachter den schönen Kugelhaufen M 4. Im Gegensatz zu anderen kugelförmigen Sternhaufen ist in M 4 die Sternansammlung lockerer. So hat man bereits im Feldstecher und im kleinen Fernrohr eher den Eindruck eines offenen Sternhaufens.

Milchstraße Von Süden erstreckt sich die Milchstraße in großem Bogen (Zenitnähe!) nach Nordosten. Es sind mit die an Sternwolken, Sternhaufen, Gasnebeln und Dunkelwolken reichsten Partien der Milchstraße, die der Beobachter unter günstigen Sichtbarkeitsbedingungen aufsuchen kann. Für die Beobachtung eignet sich ein lichtstarker Feldstecher (10×40, 11×80, 14×100) ganz vorzüglich. Die Zuhilfenahme eines Stativs ist dabei für längeres Beobachten unerläßlich (s. auch Seite 13).

Zodiakallicht Mit wachsender Nähe zum Äquator verbessert sich die Sichtbarkeit des Zodiakallichts (»Tierkreislicht«), das am Äquator am schönsten zu sehen ist. Seine Helligkeit erreicht die Helligkeit der Milchstraße. Entlang der Ekliptik am Morgen- und Abendhimmel (kein Mondschein!) beobachtbar.

20° Südbreite

(entspricht der geographischen Breite von Port Louis auf Mauritius, Windhuk, Rio de Janeiro und den Tonga-Inseln in der Südsee)

Wassermann (Aquarius)

offener Sternhaufen M 11

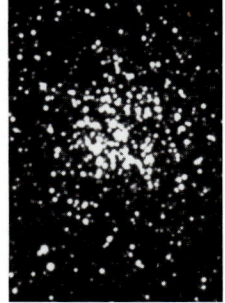

Der Sternhimmel Anfang Oktober 20 Uhr

Blickrichtung zum nördlichen Horizont

Mitte Oktober um 19 Uhr	Anfang November um 18 Uhr
Mitte November um 17 Uhr	Anfang Dezember um 16 Uhr
Mitte September um 21 Uhr	Anfang September um 22 Uhr
Mitte August um 23 Uhr	Anfang August um 24 Uhr

Anblick des Himmels vom Zenit bis zum Nordhorizont Westlich vom Zenit noch hoch am Himmel das Sternbild Sagittarius (Schütze) mit viel Milchstraße. Nordwärts schließt das Sternbild Aquila (Adler) mit dem hellen Stern Atair an. Das Sternbild steht bei der oberen Kulmination Kopf und bietet demzufolge für den europäischen Beobachter einen ungewohnten Anblick. Das gilt natürlich auch für die beiden anderen Sternbilder des Sommerdreiecks, Lyra (Leier) aund Cygnus (Schwan), die beide in Horizontnähe geraten.

Das ausgewählte Sternbild Aquarius (Wassermann) zählt zu den Tierkreissternbildern. In dieser geographischen Breite steht es hoch am Himmel. Der Hauptstern α Aquarii (Sadalmelek) steht dem Himmelsäquator nahe. Zwischen den Sternen ε Aquarii und υ Aquarii sucht der Beobachter einen Gasnebel (NGC 7009), der wegen der Ähnlichkeit im Aussehen mit dem Ringplaneten Saturn den Namen »Saturnnebel« trägt. Mit 8^m ein Objekt für Feldstecher.

Objekt für den Feldstecher und das kleine Fernrohr Nicht weit weg vom »Schwanzende« des Sternbilds Aquila (Adler) befindet sich der offene Sternhaufen M 11. Er ist im Vergleich zu anderen offenen Sternhaufen sehr kompakt und erinnert ein wenig an einen kugelförmigen Sternhaufen. Seine scheinbare Helligkeit beträgt $6^m.3$. Mit einem kleinen Refraktor lassen sich die Sterne der Randzonen erkennen. Der Sternhaufen liegt in einem interessanten Gebiet der Milchstraße.

Milchstraße Westlich vom Zenit erstreckt sich einer der schönsten Milchstraßenabschnitte von Süd nach Nord. Insbesondere die Milchstraßenwolken in den Sternbildern Scorpius (Skorpion), Sagittarius (Schütze), Scutum (Schild) und Aquila (Adler) sind für die Beobachtungen günstig.

Zodiakallicht Mit wachsender Nähe zum Äquator verbessert sich die Sichtbarkeit des Zodiakallichts (»Tierkreislicht«), das am Äquator am schönsten zu sehen ist. Entlang der Ekliptik am Morgen- und Abendhimmel beobachtbar.

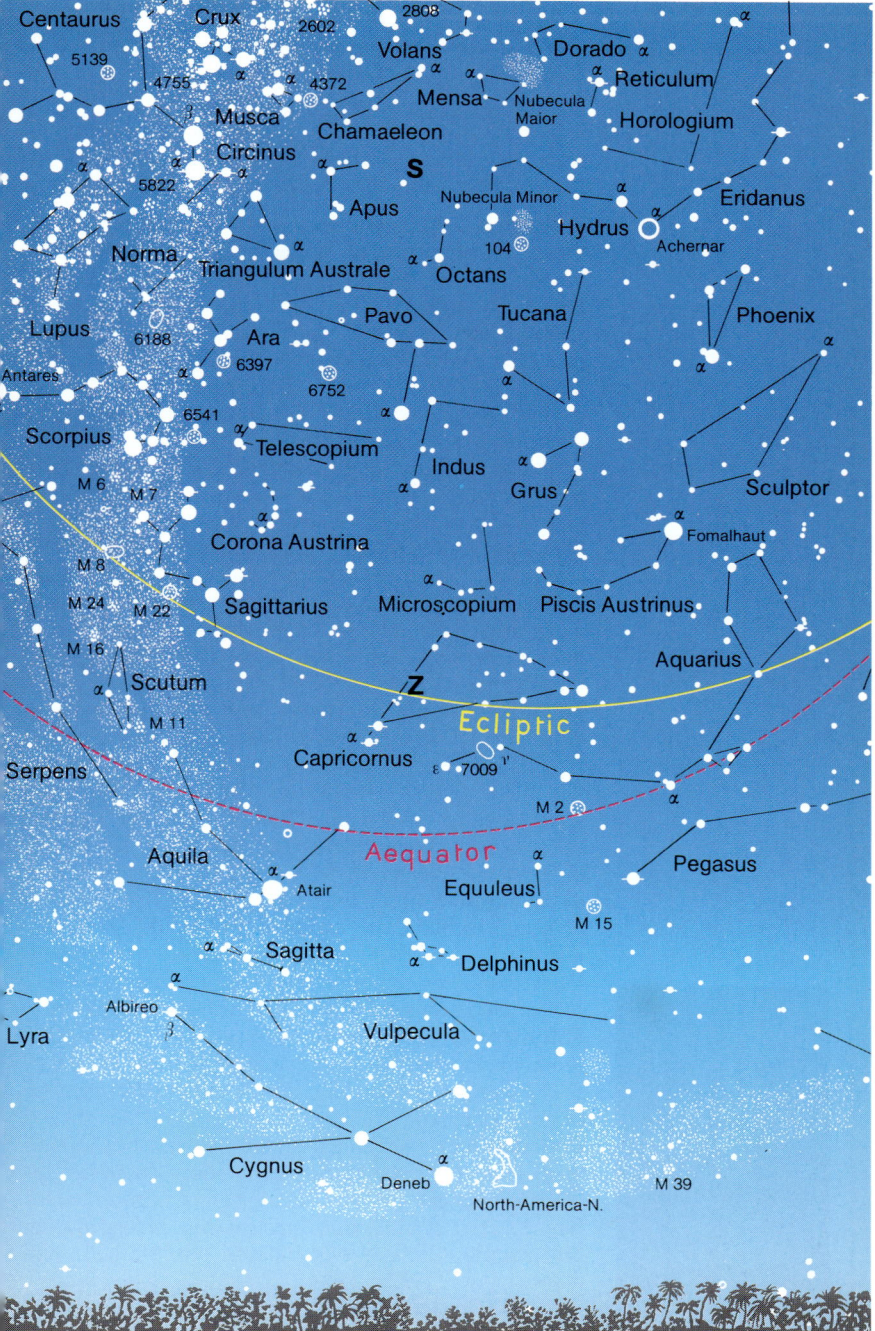

20° Südbreite

(entspricht der geographischen Breite von Port Louis auf Mauritius, Windhuk, Rio de Janeiro und den Tonga-Inseln in der Südsee)

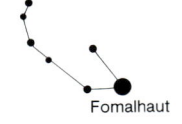

Fomalhaut

Südlicher Fisch
(Piscis Austrinus)

Galaxie NGC 1313

Der Sternhimmel Anfang Dezember 20 Uhr
Blickrichtung zum nördlichen Horizont

Mitte Dezember um 19 Uhr	Anfang Januar um 18 Uhr
Mitte Januar um 17 Uhr	Anfang Februar um 16 Uhr
Mitte November um 21 Uhr	Anfang November um 22 Uhr
Mitte Oktober um 23 Uhr	Anfang Oktober um 24 Uhr

Anblick des Himmels vom Zenit bis zum Nordhorizont Fast im Zenit der Stern β Ceti (Sternbild Cetus, Walfisch). Nach Norden schließen an die Sternbilder Pisces (Fische), Pegasus, Andromeda. Tief am Nordhorizont das Sternbild Cassiopeia. Der ganze Ausschnitt ist recht arm an hellen Sternen. Schaut der Beobachter »rückwärts« nach Süden, bemerkt er 3 helle Sterne: westlich vom Zenit Fomalhaut im Sternbild Piscis Austrinus (Südlicher Fisch), südlich Achernar im Sternbild Eridanus und südöstlich Canopus im Sternbild Carina (Schiffskiel). Mit der scheinbaren Helligkeit $-0^m.7$ der zweithellste Stern am Himmel.

Das ausgewählte Sternbild Piscis Austrinus (Südlicher Fisch) ist am Südhimmel noch eines der »klassischen« Sternbilder. Astronomisch interessant vor allem wegen des hellen Hauptsterns Fomalhaut, der in dieser geographischen Breite seine obere Kulmination in Zenitnähe hat.

Objekt für den Feldstecher und das kleine Fernrohr Die 10^m helle Galaxie NGC 1313 sucht der Beobachter in der Mitte auf der gedachten Geraden, die den hellen Stern Achernar mit der Großen Magellanschen Wolke (»Nubecula Maior«) verbindet. Da das Umfeld nicht zuviele Sterne hat, kann man das Objekt in einer dunklen (mondlosen!) Nacht auch mit einem guten Feldstecher finden. Dabei möglichst den Feldstecher auf ein Stativ zu montieren. Überhaupt ist die Verwendung eines Stativs (Kino-Stativ!) für Feldstecherbeobachtungen empfehlenswert, da Freihandbeobachtungen den Sternfreund meistens frühzeitig ermüden.

Milchstraße Um die angegebenen Beobachtungszeiten keine Beobachtungsmöglichkeit. Erst gegen Mitternacht werden wieder Milchstraßenabschnitte am Osthimmel sichtbar.

Zodiakallicht Mit wachsender Nähe zum Äquator verbessert sich die Sichtbarkeit des Zodiakallichts (»Tierkreislicht«), das am Äquator am schönsten zu sehen ist. Seine Helligkeit erreicht die Helligkeit der Milchstraße. Entlang der Ekliptik am Morgen- und Abendhimmel beobachtbar.

40° Südbreite

(entspricht der geographischen Breite von Hastings auf Neuseeland, Gough-Island im Atlantischen Ozean, Valdivia in Chile)

Der Sternhimmel Anfang Februar 20 Uhr
Blickrichtung zum nördlichen Horizont

Mitte Februar um 19 Uhr	Anfang März um 18 Uhr
Mitte März um 17 Uhr	Anfang April um 16 Uhr
Mitte Januar um 21 Uhr	Anfang Januar um 22 Uhr
Mitte Dezember um 23 Uhr	Anfang Dezember um 24 Uhr

Anblick des Himmels vom Zenit bis zum Nordhorizont Östlich vom Zenit 2 helle Sterne: Sirius im Sternbild Canis Maior (Großer Hund) und Canopus im Sternbild Carina (Schiffskiel). Etwa in halber Höhe zwischen Zenit und Nordhorizont das Sternbild Orion, wie stets in südlichen Breiten in dem für Europäer ungewohnten Anblick auf dem Kopf stehend. Anschließend das Sternbild Taurus (Stier) mit dem rötlichen Stern Aldebaran. Dicht über dem Nordhorizont das Sternbild Auriga (Fuhrmann). Auch die Plejaden (Siebengestirn) findet man in nur geringer Höhe über dem Nordhorizont. Eine Reihe von Sternbildern des nördlichen Himmels sind ganz verschwunden, z. B. Cassiopeia.

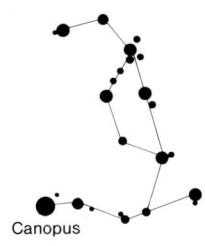

Canopus

Schiffskiel (Carina)

Das ausgewählte Sternbild Carina (Schiffskiel) mit dem hellen Stern Canopus südöstlich vom Zenit. Canopus ist mit der scheinbaren Helligkeit $-0^m.7$ der zweithellste Stern am Himmel. 3 weitere Sterne dieses Sternbilds haben scheinbare Helligkeiten um 2^m.

Objekt für den Feldstecher und das kleine Fernrohr Blickt man südwärts, entdeckt man nicht weit weg vom Zenit die berühmte Große Magellansche Wolke (Large Magellanic Cloud). Es handelt sich um ein extragalaktisches System, eine Milchstraße mit veränderlichen Sternen, offenen und kugelförmigen Sternhaufen, wie wir sie von unserer Milchstraße her gewöhnt sind. Die Große Magellansche Wolke überdeckt ein Himmelsareal von $8 \times 8°$ und ist so hell, daß sie mit bloßen Augen sogar bei Vollmond zu sehen ist. Im Feldstecher sieht man eine Fülle von Details. In 40° Südbreite ist die Große Magellansche Wolke bereits zirkumpolar, also das ganze Jahr über zu sehen. Auf der Karte rechts ist sie mit »Nubecula Maior« bezeichnet. Im Bereich der Großen Magellanschen Wolke findet der Beobachter den hellen Emissionsnebel NGC 2070 (»Tarantel-Nebel«, s. Seite 98).

Große Magellansche Wolke

Milchstraße Besonders interessant der Bogen vom Sternbild Crux (Kreuz des Südens) im Süden bis zum Sternbild Monoceros (Einhorn) im Nordosten.

Zodiakallicht Am Morgenhimmel (Osthorizont) aufsteigend entlang der Ekliptik (»Tierkreislicht«).

40° Südbreite

(entspricht der geographischen Breite von Hastings auf Neuseeland, Gough-Island im Atlantischen Ozean, Valdivia in Chile)

Der Sternhimmel Anfang April 20 Uhr
Blickrichtung zum nördlichen Horizont

Mitte April um 19 Uhr	Anfang Mai um 18 Uhr
Mitte Mai um 17 Uhr	Anfang Juni um 16 Uhr
Mitte März um 21 Uhr	Anfang März um 22 Uhr
Mitte Februar um 23 Uhr	Anfang Februar um 24 Uhr

Anblick des Himmels vom Zenit bis zum Nordhorizont Im Zenit das Sternbild Vela (Segel). Südöstlich davon das Sternbild Crux (Kreuz des Südens), westlich vom Zenit das Sternbild Carina (Schiffskiel) mit dem hellen Stern Canopus. Nordwestlich anschließend das Sternbild Canis Maior (Großer Hund) mit dem hellen Stern Sirius. Das Himmelsareal vom Zenit nordwärts ist arm an helleren Sternen. Über dem nordöstlichen Horizont findet man das Sternbild Leo (Löwe), über dem nordwestlichen das Sternbild Gemini (Zwillinge). Dazwischen das kleine Sternbild Cancer (Krebs). Alle zwischen Zenit und Nordhorizont kulminierenden Sternbilder haben die verkehrte Lage zum Horizont.

Das ausgewählte Sternbild Vela (Segel), ein Sternbild »mitten« in der Milchstraße. Das Sternbild war einst Bestandteil des »Riesensternbilds« Schiff Argo. Dazu zählten auch die Sternbilder Carina (Schiffskiel) und Puppis (Hinterdeck des Schiffes). Der helle Stern δ Velorum gilt als einer der heißesten Sterne, die bekannt sind (Oberflächentemperatur 30 000°K im Vergleich zu 6000°K der Sonne). Im Feldstecher erkennt man, daß dieser Stern auch ein Doppelstern ist.

Segel (Vela)

Objekt für den Feldstecher und das kleine Fernrohr In den Sternwolken der Milchstraße nahe dem Stern ϑ Carinae sucht man den offenen Sternhaufen IC 2602. Hat man den Stern ϑ Carinae im Gesichtsfeld, dann auch automatisch den offenen Sternhaufen. Dicht dabei ist der Sternhaufen Melotte 101. IC ist die Abkürzung für Index-Catalogue. Melotte 101 oder Mel 101 bezieht sich auf den Astronom P.J. Melotte, der Himmelsobjekte katalogisiert hat.

Meteorstrom Virginiden im April. Radiant nördlich des Hauptsterns Spica im Sternbild Virgo (Jungfrau) am Osthimmel (s. Sternkarte Seite 55). Der Radiant ist im April von 20 Uhr bis 3 Uhr zu beobachten.

Milchstraße Besonders interessant der Bogen vom Sternbild Crux (Kreuz des Südens) im Süden bis zum Sternbild Monoceros (Einhorn) im Nordwesten.

Zodiakallicht Am Morgenhimmel (Osthorizont) aufsteigend entlang der Ekliptik (»Tierkreislicht«).

offener Sternhaufen
IC 2602

40° Südbreite

(entspricht der geographischen Breite von Hastings auf Neuseeland, Gough-Island im Atlantischen Ozean, Valdivia in Chile)

Der Sternhimmel Anfang Juni 20 Uhr
Blickrichtung zum nördlichen Horizont

Mitte Juni um 19 Uhr	Anfang Juli um 18 Uhr
Mitte Juli um 17 Uhr	Anfang August um 16 Uhr
Mitte Mai um 21 Uhr	Anfang Mai um 22 Uhr
Mitte April um 23 Uhr	Anfang April um 24 Uhr

Anblick des Himmels vom Zenit bis zum Nordhorizont In Zenitnähe das Sternbild Crux (Kreuz des Südens). Fast senkrecht über dem Beobachter das Sternbild Centaurus (Centaur). Nach Norden folgt das kleine Sternbild Corvus (Rabe), dessen hellere Sterne ein unregelmäßiges Viereck bilden. Unterhalb das Sternbild Virgo (Jungfrau) mit dem hellen Stern Spica. Im Nordosten das Sternbild Bootes mit dem hellen, rötlichen Stern Arcturus und im Nordwesten das Sternbild Leo (Löwe) mit dem hellen Stern Regulus. Zwischen Zenit und Nordhorizont kulminierende Sternbilder haben die verkehrte Lage zum Horizont. Am auffälligsten ist das bei den Sternbildern des Nordhimmels.

Das ausgewählte Sternbild Crux (Kreuz des Südens), »das« Sternbild des Südhimmels inmitten von viel Milchstraße. Stern α Crucis ist ein Doppelstern ($1^m.6$ und $2^m.1$ bei 4,7 Bogensekunden Distanz). Ein Objekt für einen kleinen Amateurrefraktor. Über die Bedeutung des Sternbilds für die Orientierung zum südlichen Himmelspol s. Seite 22 ff.

Kreuz des Südens (Crux)

Objekt für den Feldstecher und das kleine Fernrohr Dicht beim Stern β Crucis ($1^m.5$ hell!) befindet sich der offene Sternhaufen NGC 4755, mit der scheinbaren Helligkeit von 5^m im Feldstecher sofort zu erkennen. 1–2° südlich fällt eine dunkle Region in dem an Sternen reichen Gebiet auf. Es handelt sich um eine Dunkelwolke, bekannt unter dem Namen »Kohlensack«. Sie verdeckt schwache Milchstraßensterne. NGC 4755 wird auch »Jewel Box« genannt, ein brillantes Objekt für kleine Fernrohre mit vielen Einzelsternen. In der Mitte befindet sich der helle Stern κ Crucis ($6^m.1$).

Meteorstrom Juni-Lyriden Mitte Juni. Radiant südlich des hellen Sterns Wega im Sternbild Lyra (Leier) am Osthimmel (s. Sternkarte Seite 57). Der Radiant ist im Juni ab Mitternacht bis morgens zu beobachten.

Milchstraße Quer von Ost nach West spannt der Bogen der Milchstraße und erreicht fast Zenithöhe. Alle sternwolkenreichen Gebiete vom Sternbild Sagittarius (Schütze) bis Crux (Kreuz des Südens) und Vela (Segel) sind gut zu beobachten.

offener Sternhaufen
NGC 4755

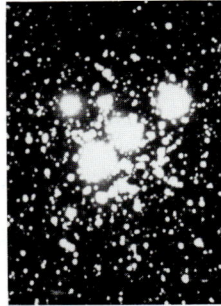

40° Südbreite

(entspricht der geographischen Breite von Hastings auf Neuseeland, Gough-Island im Atlantischen Ozean, Valdivia in Chile)

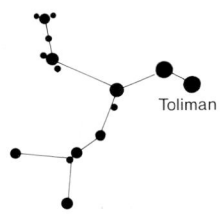

Centaur (Centaurus)

kugelförmiger Stern-
haufen M 22

Der Sternhimmel Anfang August 20 Uhr
Blickrichtung zum nördlichen Horizont

Mitte August um 19 Uhr	Anfang September um 18 Uhr
Mitte September um 17 Uhr	Anfang Oktober um 16 Uhr
Mitte Juli um 21 Uhr	Anfang Juli um 22 Uhr
Mitte Juni um 23 Uhr	Anfang Juni um 24 Uhr

Anblick des Himmels vom Zenit bis zum Nordhorizont Der Himmel in Zenitnähe wird beherrscht vom Sternbild Scorpius (Skorpion) und der Milchstraße. Östlich davon das Sternbild Sagittarius mit seinen vielen Sternhaufen und Gasnebeln. Nach Norden schließen die Sternbilder Ophiuchus (Schlangenträger), Hercules und Corona Borealis (Nördliche Krone) an. Letztere wie das nordöstlich befindliche Sternbild Lyra (Leier) schon sehr dicht über dem Nordhorizont.

Das ausgewählte Sternbild Centaurus (Centaur), ein Sternbild mit hellen und sehr hellen Sternen. Die beiden Hauptsterne sind mit dem Kreuz des Südens eine Orientierungshilfe am Südhimmel (s. auch Seite 22). Der Stern α Centauri ist der dritthellste Stern am Himmel (nach Sirius und Canopus). Seine scheinbare Helligkeit beträgt $0^m.1$. Er ist auch ein sehr schöner Doppelstern, der in einem kleinen Spiegel- oder Linsenfernrohr mühelos getrennt werden kann: $0^m.1$ und $1^m.7$ sind die beiden Sterne hell und befinden sich in einer Distanz von 18 Bogenminuten.

Objekt für den Feldstecher und das kleine Fernrohr Ein mit der scheinbaren Helligkeit 6^m leicht auffindbarer kugelförmiger Sternhaufen ist der M 22 im Sternbild Sagittarius (Schütze). M 22 befindet sich nahe dem Stern λ Sagittarii. In südlichen Breiten kommt die Brillanz des Objekts voll zur Geltung. Er wird mit dem schönsten kugelförmigen Sternhaufen des Nordhimmels, dem M 13 (s. Seite 56) verglichen. Nicht weit von M 22 entfernt sind am Himmel die Messier-Objekte M 6 und M 7 (s. Seite 68).

Milchstraße Von Süden erstreckt sich die Milchstraße in großem Bogen (Zenit!) nach Nordosten. Es sind die an Sternwolken, Sternhaufen, Gasnebeln und Dunkelwolken reichsten Abschnitte der Milchstraße, die der Beobachter unter günstigen Sichtbedingungen aufsuchen kann. Für die Beobachtung der Milchstraße eignet sich ein lichtstarker Feldstecher (10×40, 11×80, 14×100) ganz vorzüglich. Die Zuhilfenahme eines Stativs ist dabei für längeres Beobachten unerläßlich (s. auch Seite 13).

40° Südbreite

(entspricht der geographischen Breite von Hastings auf Neuseeland, Gough-Island im Atlantischen Ozean, Valdivia in Chile)

Der Sternhimmel Anfang Oktober 20 Uhr

Blickrichtung zum nördlichen Horizont

Mitte Oktober um 19 Uhr	Anfang November um 18 Uhr
Mitte November um 17 Uhr	Anfang Dezember um 16 Uhr
Mitte September um 21 Uhr	Anfang September um 22 Uhr
Mitte August um 23 Uhr	Anfang August um 24 Uhr

Anblick des Himmels vom Zenit bis zum Nordhorizont Westlich vom Zenit das Sternbild Sagittarius (Schütze) und viel Milchstraße. Östlich vom Zenit das Sternbild Piscis Austrinus (Südlicher Fisch) mit dem hellen Stern Fomalhaut. Weiter südlich anschließend das Sternbild Grus (Kranich). Nach Norden fällt auf das Sternbild Aquila (Adler) mit dem hellen Stern Atair. Ganz dicht über dem Nordhorizont stehen die beiden anderen Sternbilder des Sommerdreiecks (»Norddreieck«), Lyra (Leier) und Cygnus (Schwan).

Das ausgewählte Sternbild Grus (Kranich) mit Hauptsternen 2. Größenklasse schließt unmittelbar an das Sternbild Piscis Austrinus (Südlicher Fisch) nach Süden an. Es fällt auf, daß am Südhimmel Vögel als Namensgeber für Sternbilder gar nicht so selten sind (Tukan, Phönix, Pfau, Paradiesvogel). Ursprünglich hat der Kranich Flamingo geheißen. Die Entdeckungsfahrten haben Anregung für exotische Namen gegeben.

Kranich (Grus)

Objekt für den Feldstecher und das kleine Fernrohr Kleine Magellansche Wolke (Small Magellanic Cloud) am Südosthimmel nicht weit weg von dem hellen Stern Achernar im Sternbild Eridanus. Dieses Objekt ist das zweite extragalaktische System mit allen Objekten, wie wir sie von unserer Milchstraße her kennen. Wie die Große Magellansche Wolke ist auch die Kleine in 40° Südbreite zirkumpolar und damit das ganze Jahr über zu beobachten. Die scheinbare Helligkeit der Kleinen Magellanschen Wolke liegt bei $2^m.5$ (gegenüber $0^m.5$ für die Große Magellansche Wolke). Nahe der Kleinen Magellanschen Wolke befindet sich ein kugelförmiger Sternhaufen (NGC 104, $4^m.7$). Auf der Karte rechts ist die Kleine Magellansche Wolke mit »Nubecula Minor« bezeichnet. Die hohe südliche Deklination macht die Galaxie erst in mittleren südlichen Breiten zu einem dankbaren Beobachtungsobjekt.

Kleine Magellansche Wolke

Milchstraße Westlich vom Zenit spannt ein Bogen von Süd nach Nord mit den schönsten Milchstraßenabschnitten!

Zodiakallicht Am Abendhimmel (Westhorizont) aufsteigend entlang der Ekliptik (»Tierkreislicht«).

40° Südbreite

(entspricht der geographischen Breite von Hastings auf Neuseeland, Gough-Island im Atlantischen Ozean, Valdivia in Chile)

Teleskop (Telescopium)

kugelförmiger Sternhaufen NGC 6752

Der Sternhimmel Anfang Dezember 20 Uhr
Blickrichtung zum nördlichen Horizont

Mitte Dezember um 19 Uhr	Anfang Januar um 18 Uhr
Mitte Januar um 17 Uhr	Anfang Februar um 16 Uhr
Mitte November um 21 Uhr	Anfang November um 22 Uhr
Mitte Oktober um 23 Uhr	Anfang Oktober um 24 Uhr

Anblick des Himmels vom Zenit bis zum Nordhorizont Im Zenit befindet sich das nach dem sagenhaften Vogel benannte Sternbild Phoenix. Südöstlich vom Zenit der helle Stern Achernar. Fast in gleicher Entfernung in nordwestlicher Richtung der helle Stern Fomalhaut. Direkt nach Norden folgen die Sternbilder Cetus (Walfisch), Pisces (Fische) und – schon sehr dicht am Horizont – Andromeda. Auch das Sternbild Pegasus findet man nahe dem nördlichen Horizont. Alle Sternbilder mit hellen Sternen und auch die Milchstraße muß der Beobachter »rückwärts« am südlichen Horizont suchen, ein Zustand, der sich erst nach Mitternacht ändert.

Das ausgewählte Sternbild Telescopium (Fernrohr), ein Sternbild, das seinen Namen von Abbé Nicolas Louis de Lacaille bekommen hat. Er beobachtete in den Jahren 1751–1754 die Sterne des Südhimmels vom Kap der Guten Hoffnung aus. Er gab den Sternbildern Namen wissenschaftlicher Gerätschaften (Ofen, Luftpumpe, Mikroskop usw.).

Objekt für den Feldstecher und das kleine Fernrohr Im Sternbild Pavo (Pfau) findet sich ein heller kugelförmiger Sternhaufen (NGC 6752) mit der scheinbaren Helligkeit 5^m. Also ein Objekt, das der Beobachter bereits mit bloßen Augen entdecken müßte. Man muß den Stern λ Pavonis aufsuchen und hat dann mit großer Sicherheit auch schon den gesuchten Sternhaufen im Gesichtsfeld. Das Objekt liegt insofern für den Beobachter günstig, da die umgebende Sterndichte geringer ist und keine Milchstraßenwolken den Kontrast schwächen.

Meteorstrom Geminiden vom 6. bis 17. Dezember. Radiant nahe dem Stern Castor im Sternbild Gemini (Zwillinge) am Osthimmel (s. Sternkarte Seite 89). Radiant ist ab Mitternacht zu beobachten.

Milchstraße Erst gegen Mitternacht kommen Milchstraßenwolken am Osthimmel in eine bessere Beobachtungslage.

Zodiakallicht Am Abendhimmel (Westhorizont) aufsteigend entlang der Ekliptik (»Tierkreislicht«).

96

60° Südbreite

(entspricht der geographischen Breite der Südsandwich-Inseln im Südatlantik)

Schwertfisch (Dorado)

Tarantel-Nebel NGC 2070

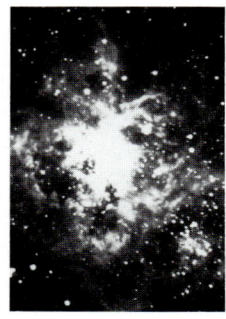

Der Sternhimmel Anfang Februar 20 Uhr

Blickrichtung zum nördlichen Horizont

Mitte Februar um 19 Uhr	Anfang März um 18 Uhr
Mitte März um 17 Uhr	Anfang April um 16 Uhr
Mitte Januar um 21 Uhr	Anfang Januar um 22 Uhr
Mitte Dezember um 23 Uhr	Anfang Dezember um 24 Uhr

Anblick des Himmels vom Zenit bis zum Nordhorizont Im Zenit befindet sich das Sternbild Dorado (Schwertfisch). Fast im Zenit mit Blick nach Süden die nicht zu übersehende Große Magellansche Wolke. Östlich vom Zenit das Sternbild Carina (Schiffskiel) mit dem hellen Stern Canopus. Westlich vom Zenit der helle Stern Achernar, der zum Sternbild Eridanus gehört. Nach Norden folgen die Sternbilder Columba (Taube) und Lepus (Hase). Das berühmte Sternbild Orion steht schon sehr nahe dem Nordhorizont und macht die hohe südliche geographische Breite deutlich. Höher am Nordosthimmel steht der helle Stern Sirius, der zum Sternbild Canis Maior (Großer Hund) zählt. Das Sternbild Taurus (Stier) und die Plejaden (Siebengestirn) sind in Horizontnähe. Vertraute Sternbilder des Nordhimmels (Auriga, Perseus) sind unsichtbar.

Das ausgewählte Sternbild Dorado (Schwertfisch) ist das Sternbild, in dem sich die Große Magellansche Wolke befindet. In der Nähe ist der Ekliptiksüdpol. Der Name Dorado wird auch mit Goldfisch übersetzt.

Objekt für den Feldstecher und das kleine Fernrohr Am Westrand der Großen Magellanschen Wolke (»Nubecula Maior«) sucht der Beobachter den hellen Emissionsnebel NGC 2070. Er wird auch als »Tarantel-Nebel« bezeichnet. Er ist der hellste von über 400 (!) solcher Nebel, die in der Großen Magellanschen Wolke von Astronomen gefunden worden sind. Der Beobachter bekommt die Gelegenheit, einen hellen Emissionsnebel in einer Galaxie mit bereits kleinen Instrumenten zu sehen. Sonst sind die für den Amateur beobachtbaren Emissionsnebel galaktische Nebel, z. B. der Orion-Nebel (s. Seite 50).

Milchstraße Ein weiter Bogen Milchstraße zieht vom Südhorizont nach Norden. Besonders »milchstraßenreiche« Sternbilder sind Centaurus (Centaur), Crux (Kreuz des Südens), Vela (Segel), Carina (Schiffskiel), Puppis (Hinterdeck des Schiffes) und Monoceros (Einhorn). Im Verlauf der Nacht rückt die Milchstraße immer mehr in Meridian- und Zenitnähe und entfaltet die ganze Pracht des südlichen Himmels.

60° Südbreite

(entspricht der geographischen Breite der Südsandwich-Inseln im Südatlantik)

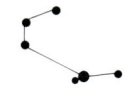

Fliegender Fisch (Volans)

offener Sternhaufen
NGC 2516

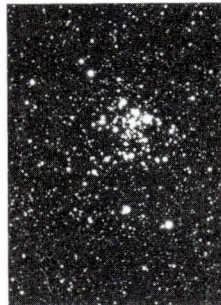

Der Sternhimmel Anfang April 20 Uhr

Blickrichtung zum nördlichen Horizont

Mitte April um 19 Uhr	Anfang Mai um 18 Uhr
Mitte Mai um 17 Uhr	Anfang Juni um 16 Uhr
Mitte März um 21 Uhr	Anfang März um 22 Uhr
Mitte Februar um 23 Uhr	Anfang Februar um 24 Uhr

Anblick des Himmels vom Zenit bis zum Nordhorizont Im Zenit befindet sich das sternreiche Sternbild Carina (Schiffskiel) mit dem zweithellsten aller sichtbaren Fixsterne Canopus. Das Sternbild Crux (Kreuz des Südens) schließt südöstlich vom Zenit an. Nach Norden beherrschen die Sternbilder Vela (Segel), Puppis (Hinterdeck des Schiffes) und Canis Maior (Großer Hund) den Himmelsausschnitt. Nahe dem Nordwesthorizont das Sternbild Orion. Canis Minor (Kleiner Hund) und Cancer (Krebs) findet man in nur geringer Höhe über dem Nordhorizont. Am nordöstlichen Horizont führt der helle Stern Regulus im Sternbild Leo (Löwe) ein nicht besonders auffälliges Dasein. Die beiden Sterne Castor und Pollux im Sternbild Gemini (Zwillinge) sind praktisch nicht mehr zu beobachten.

Das ausgewählte Sternbild Volans (Fliegender Fisch) ist eines der Sternbilder, das Johann Bayer in seiner im Jahr 1603 erschienenen »Uranometria« vorgestellt hat. Die Namensgebung erscheint heute willkürlich, wahrscheinlich beeinflußt von den Berichten der Weltumsegler und Entdecker.

Objekt für den Feldstecher und das kleine Fernrohr Nahe dem hellen Stern ε Carinae ($1^{m}.7$) findet der Beobachter einen offenen Sternhaufen (NGC 2516), der in mondloser Nacht mit bloßen Augen zu sehen ist. Man tut sich mit dem Auffinden leichter, weil das Gebiet nur noch »Randgebiet« der Milchstraße ist; nicht vergleichbar etwa mit dem Sterngewimmel in den Sternbildern Puppis (Hinterdeck des Schiffes) und Vela (Segel). Im Vergleich mit anderen offenen Sternhaufen ist NGC 2516 konzentriert. Trotzdem werden die Einzelsterne im kleinen Fernrohr gut sichtbar.

Meteorstrom Virginiden im April. Radiant nördlich des Hauptsterns Spica im Sternbild Virgo (Jungfrau) am Osthimmel (s. Sternkarte Seite 103). Der Radiant ist im April von 22 Uhr bis 3 Uhr zu beobachten.

Milchstraße Besonders interessant der Bogen vom Sternbild Centaurus (Centaur) im Südosten bis zum Sternbild Monoceros (Einhorn) im Nordwesten.

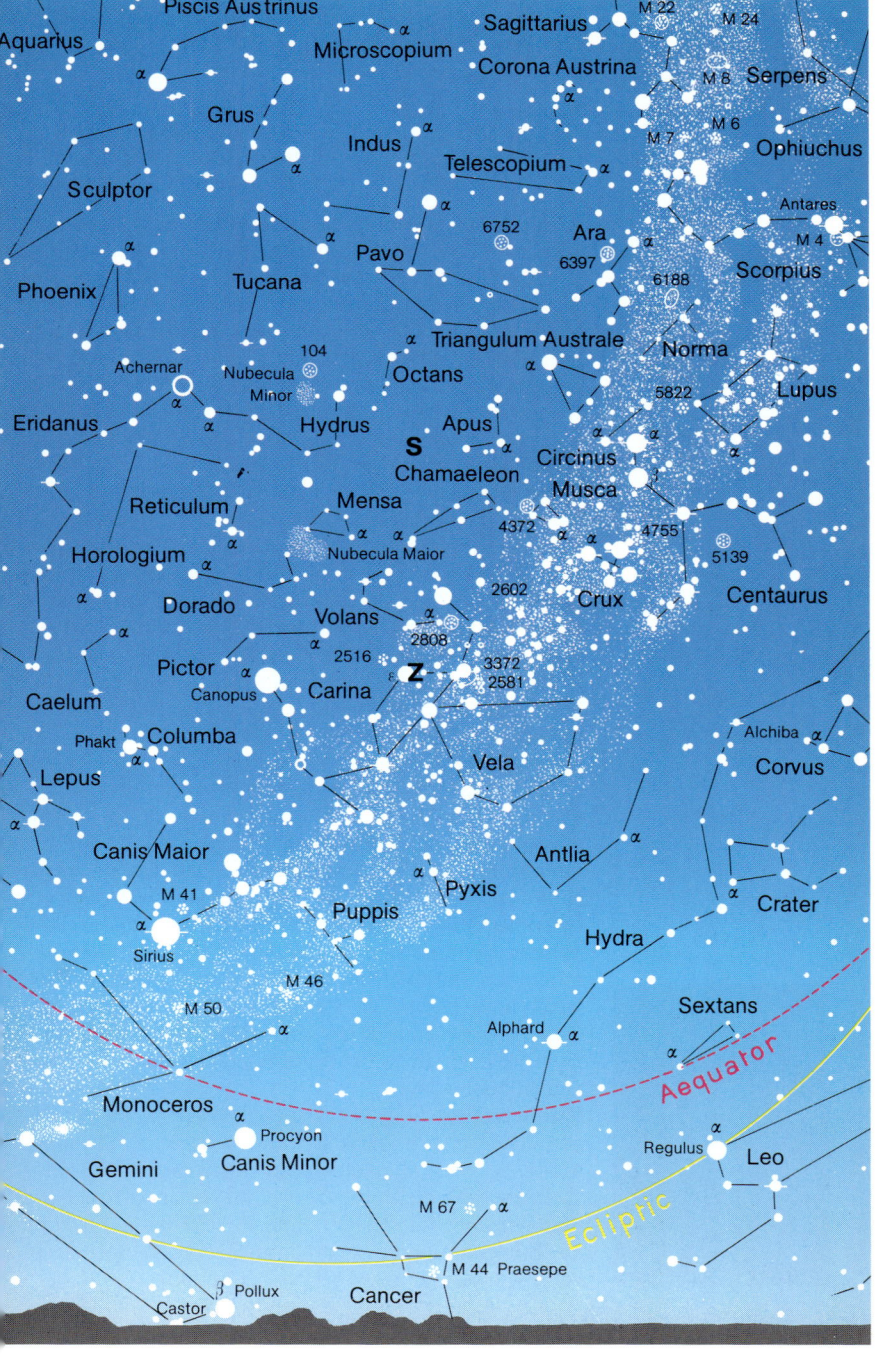

60° Südbreite

(entspricht der geographischen Breite der Südsandwich-Inseln im Südatlantik)

Der Sternhimmel Anfang Juni 20 Uhr
Blickrichtung zum nördlichen Horizont

Mitte Juni um 19 Uhr	Anfang Juli um 18 Uhr
Mitte Juli um 17 Uhr	Anfang August um 16 Uhr
Mitte Mai um 21 Uhr	Anfang Mai um 22 Uhr
Mitte April um 23 Uhr	Anfang April um 24 Uhr

Anblick des Himmels vom Zenit bis zum Nordhorizont Im Zenit das Sternbild Crux (Kreuz des Südens). Flankiert im Osten vom Sternbild Centaurus (Centaur) mit seinen hellen Sternen und im Westen vom Sternbild Carina (Schiffskiel) mit nicht minder hellen Sternen und viel Milchstraße. Nach Norden schließen an das Sternbild Centaurus (Centaur) die Sternbilder Crater (Becher), Corvus (Rabe) und Virgo (Jungfrau) an. Letzteres ist ein Tierkreissternbild mit dem hellen Stern Spica. Tief am Horizont im Nordosten Teile des Sternbildes Bootes und der rötliche Stern Arcturus, im Nordwesten das Sternbild Leo (Löwe) in der verkehrten Lage zum Horizont, wie alle zwischen Zenit und Nordhorizont kulminierenden Sternbilder, die in nördlichen geographischen Breiten ein anderes Aussehen haben.

Das ausgewählte Sternbild Musca (Fliege) ist ein Sternbild, das unmittelbar südlich an das Sternbild Crux (Kreuz des Südens) anschließt. Seine helleren Sterne bilden ein unregelmäßiges Viereck. In der unmittelbaren Nähe der beiden zum Südpol weisenden Sterne befinden sich 2 kugelförmige Sternhaufen (NGC 4372 und 8833). Beachtung verdient das Umfeld des Hauptsterns, α Muscae, wegen der eindrucksvollen Milchstraßenwolken.

Objekt für den Feldstecher und das kleine Fernrohr NGC 6188 ist ein leuchtender Gasnebel, ein Objekt unserer Milchstraße. Mit ihm wird interstellare Materie sichtbar. Er befindet sich auf der Grenze zwischen den Sternbildern Ara (Altar) und Norma (Winkelmaß). Das Gebiet ist sternreich. Die Strukturen des Gasnebels sind kaum zu übersehen (diffus »milchig«). Es lohnt auch, im Umfeld Sternhaufen und Dunkelwolken zu beobachten.

Milchstraße Quer von Ost nach West spannt der Bogen der Milchstraße, die Zenithöhe erreicht. Alle sternwolkenreichen Gebiete vom Sternbild Sagittarius (Schütze) über Scorpius (Skorpion) bis Crux (Kreuz des Südens) und Vela (Segel) sind in sehr guter Position. Zur Erleichterung bei zenitnahen Beobachtungen empfiehlt sich die Benutzung eines Liegestuhls.

Fliege (Musca)

Gasnebel NGC 6188

60° Südbreite

(entspricht der geographischen Breite der Südsandwich-Inseln im Südatlantik)

Der Sternhimmel Anfang August 20 Uhr
Blickrichtung zum nördlichen Horizont

Mitte August um 19 Uhr   Anfang September um 18 Uhr
Mitte September um 17 Uhr   Anfang Oktober um 16 Uhr
Mitte Juli um 21 Uhr   Anfang Juli um 22 Uhr
Mitte Juni um 23 Uhr   Anfang Juni um 24 Uhr

Anblick des Himmels vom Zenit bis zum Nordhorizont Im Zenit das wenig ausdrucksvolle Sternbild Ara (Altar). Dafür ist aber der Anblick der Milchstraße in Zenitnähe um so schöner. Vom Zenit aus nach Westen schließen an die Sternbilder Centaurus (Centaur) und Crux (Kreuz des Südens). Hoch am Himmel steht nördlich des Zenits das Sternbild Scorpius (Skorpion), nahe nach Osten das Sternbild Sagittarius (Schütze). Schon in Nähe des Nordhorizonts sieht der Beobachter die Sternbilder Ophiuchus (Schlangenträger), Libra (Waage) und Serpens (Schlange). Tief im Nordwesten entdeckt man den Hauptstern Arcturus des Sternbilds Bootes, dessen größerer Teil unsichtbar bleibt.

Das ausgewählte Sternbild Triangulum Australe (Südliches Dreieck) ist ein kleines Sternbild in der Nähe der hellen Hauptsterne des Sternbilds Centaurus (Centaur). Das kleine Sternbild hat aber einen Hauptstern mit der bemerkenswerten scheinbaren Helligkeit von $1^m.9$. Die 2 anderen Sterne, die das Dreieck mitbilden, sind nur noch 3^m hell. Auch dieses Sternbild verdankt seine »Existenz« Johann Bayer.

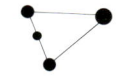

**Südliches Dreieck
(Triangulum Australe)**

Objekt für den Feldstecher und das kleine Fernrohr Das Objekt NGC 6541 gehört zum Sternbild Südliche Krone (Corona Australis), befindet sich aber verhältnismäßig nahe dem Schwanz des Skorpion (s. nebenstehende Karte). Die Sterndichte ist in dieser Region noch beträchtlich. Nicht zu übersehen ist die Nähe der Milchstraßenebene. Zahlreiche Objekte warten hier auf den Beobachter, und es lohnt, das Umfeld des kugelförmigen Sternhaufens NGC 6541 mit in Augenschein zu nehmen.

Milchstraße Vom Süden erstreckt sich die Milchstraße in großem Bogen (Zenit!) nach Nordosten. Es sind die an Sternwolken, Sternhaufen, Gasnebeln und Dunkelwolken reichsten Abschnitte der Milchstraße, die der Beobachter unter günstigen Sichtbedingungen aufsuchen kann. Man beachte auch das Auftreten von Dunkelwolken, z. B. im Sternbild Crux (Kreuz des Südens) und Sagittarius (Schütze).

kugelförmiger Sternhaufen NGC 6541

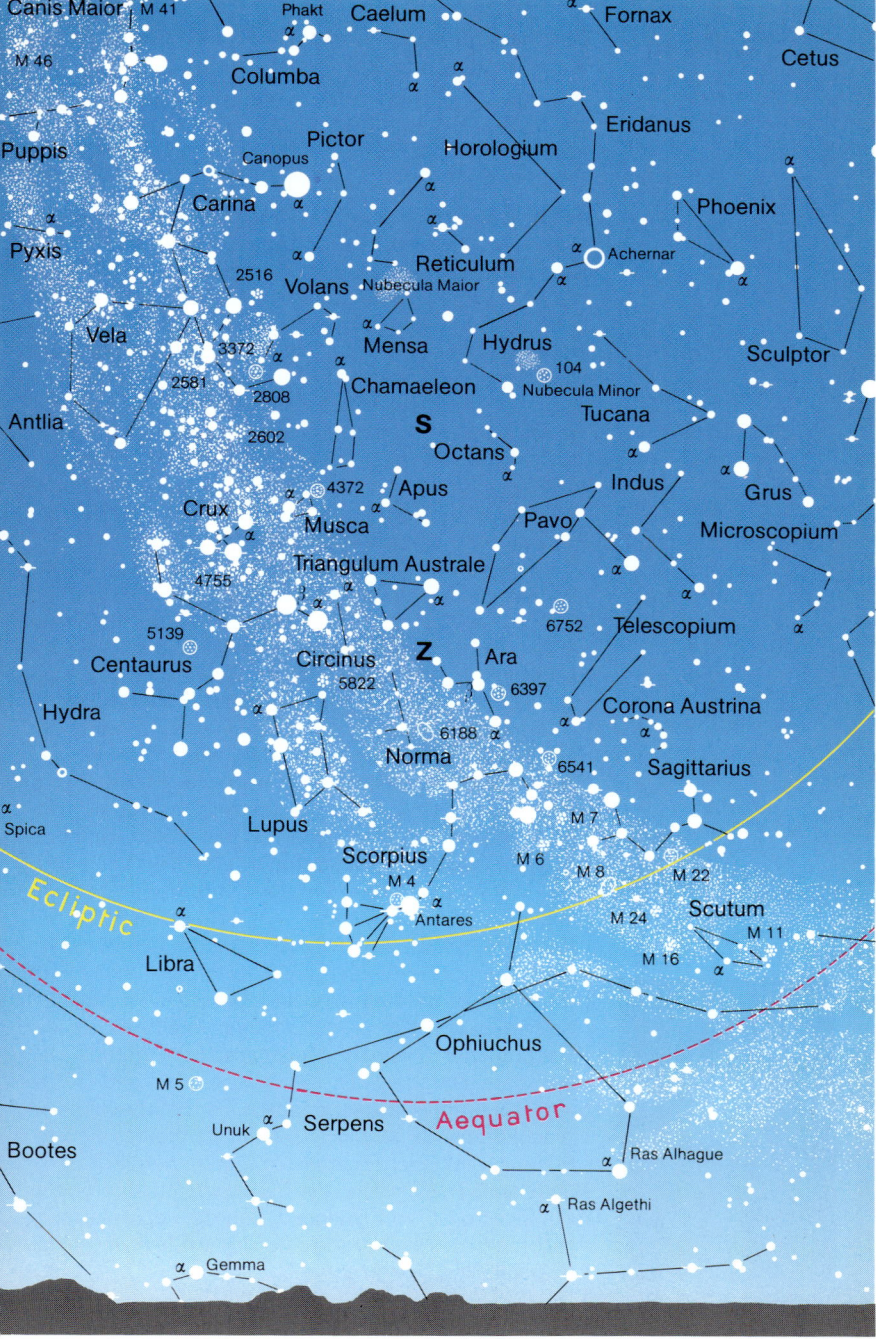

60° Südbreite

(entspricht der geographischen Breite der Südsandwich-Inseln im Südatlantik)

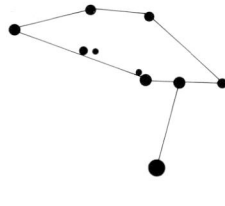

Pfau (Pavo)

kugelförmiger Sternhaufen NGC 104

Der Sternhimmel Anfang Oktober 20 Uhr

Blickrichtung zum nördlichen Horizont

Mitte Oktober um 19 Uhr
Mitte November um 17 Uhr
Mitte September um 21 Uhr
Mitte August um 23 Uhr

Anfang November um 18 Uhr
Anfang Dezember um 16 Uhr
Anfang September um 22 Uhr
Anfang August um 24 Uhr

Anblick des Himmels vom Zenit bis zum Nordhorizont Im Zenit steht das wenig auffällige Sternbild Indus (Indianer). Westlich vom Zenit noch hoch am Himmel die Sternbilder Sagittarius (Schütze) und Scorpius (Skorpion) mit viel Milchstraße. Östlich vom Zenit das Sternbild Grus (Kranich). Daran nach Nordosten anschließend das Sternbild Piscis Austrinus (Südlicher Fisch) mit dem hellen Stern Fomalhaut. Nach Norden die Sternbilder Capricornus (Steinbock) und Aquarius (Wassermann). Vom Sommerdreieck des Nordhimmels ist in dieser geographischen Breite nur noch das Sternbild Aquila (Adler) übriggeblieben, das tief über dem Nordhorizont in »verkehrter Lage« zu sehen ist.

Das ausgewählte Sternbild Pavo (Pfau), ein Sternbild, das zu dieser Zeit in Zenitnähe steht. Der hellste Stern α Pavonis hat die scheinbare Helligkeit 2^m. Im nordwestlichen Teil des Sternbilds befindet sich ein kugelförmiger Sternhaufen, der im Bereich des Feldstechers liegt. Im New General Catalogue (NGC) trägt er die Nummer 6752. Der Beobachter sucht ihn etwa in der Mitte der Verbindungslinie α Pavonis – λ Pavonis.

Objekt für den Feldstecher und das kleine Fernrohr Nahe der Kleinen Magellanschen Wolke (»Nubecula Minor«), die südöstlich vom Zenit hoch am Himmel steht, beobachtet man den zweitgrößten kugelförmigen Sternhaufen des Himmels. Er trägt die Bezeichnung NGC 104 (47 Tucanae). Obwohl in der Nähe der Kleinen Magellanschen Wolke zu sehen, gehört dieser kugelförmige Sternhaufen nicht zu ihr. Die scheinbare Helligkeit des Sternhaufens liegt bei etwa 4^m. Der Beobachter sucht den kugelförmigen Sternhaufen am Westrand der Kleinen Magellanschen Wolke. Der scheinbare Durchmesser dieses kugelförmigen Sternhaufens beträgt 44 Bogenminuten. Für Feldstecher und kleine Fernrohre ist NGC 104 ein dankbares Objekt, das bereits zahlreiche Einzelsterne erkennen läßt.

Milchstraße Westlich vom Zenit spannt der Bogen der Milchstraße von Süd nach Nord. Die wichtigsten Abschnitte der Milchstraße mit Sternwolken und Dunkelwolken sind hier zu sehen.

60° Südbreite

(entspricht der geographischen Breite der Südsandwich-Inseln im Südatlantik)

Der Sternhimmel Anfang Dezember 20 Uhr
Blickrichtung zum nördlichen Horizont

Mitte Dezember um 19 Uhr	Anfang Januar um 18 Uhr
Mitte Januar um 17 Uhr	Anfang Februar um 16 Uhr
Mitte November um 21 Uhr	Anfang November um 22 Uhr
Mitte Oktober um 23 Uhr	Anfang Oktober um 24 Uhr

Anblick des Himmels vom Zenit bis zum Nordhorizont Im Zenit das Sternbild Tucana (Tukan). Damit gelangt auch die Kleine Magellansche Wolke in Zenitnähe. Zenitnah ist auch der helle Stern Achernar, der Hauptstern des weitausgedehnten Sternbilds Eridanus. Westlich vom Zenit das Sternbild Grus (Kranich) und darunter der helle Stern Fomalhaut. Nach Norden folgen die Sternbilder Phoenix, Cetus (Walfisch) und Pisces (Fische). Letzteres befindet sich schon sehr dicht am Nordhorizont. Östlich davon das Sternbild Aries (Widder) und westlich das Sternbild Pegasus. Vom Sternbild Andromeda ist nichts mehr zu sehen.

Das ausgewählte Sternbild Das Sternbild Phoenix (Phönix). Angeregt von den Entdeckungsreisen in die Südsee erhielten die Sternbilder des Südhimmels vielfach Namen aus der Tierwelt, besonders Vogelnamen: Tukan, Pfau, Kranich, Paradiesvogel und auch Phönix, der Vogel der antiken Mythologie (»Wundervogel«).

Phoenix

Objekt für den Feldstecher und das kleine Fernrohr Der kugelförmige Sternhaufen NGC 362 ist in unmittelbarer Nähe des Südrandes der Kleinen Magellanschen Wolke (s. Seite 94). Er gehört aber ebensowenig zu diesem extragalaktischen System wie der kugelförmige Sternhaufen NGC 104 (s. Seite 106). Die scheinbare Helligkeit von NGC 362 beträgt 8^m. Im Feldstecher erscheinen Kleine Magellansche Wolke und die beiden Sternhaufen NGC 104 und 362 zusammen im Gesichtsfeld. Während NGC 104 nur 20 000 Lichtjahre von uns entfernt ist, ist die Entfernung von NGC 362 doppelt so weit.

kugelförmiger Sternhaufen NGC 362

Milchstraße Um die angegebene Beobachtungszeit beschränkt sich die Sichtbarkeit auf einen Bogen zwischen Zenit und Südhorizont, der sich von Ost nach West erstreckt. Die näher am Südpol orientierten Abschnitte der Milchstraße (im Sternbild Crux = Kreuz des Südens beispielsweise) bleiben in dieser geographischen Breite zirkumpolar.

Hinweis In der Zeit von Anfang November bis Anfang Februar gibt es in dieser geographischen Breite »helle Nächte« mit Dämmerung auch noch um Mitternacht.

Foto der Mondoberfläche. Technische Daten: Refraktor Vixen Superpolaris FL-102 S, Projektion des Mondbildes mit einem Okular f = 12,5 mm auf Kodak Ektar 125. Belichtungszeit 2 Sekunden. Äquivalentbrennweite 6 m (der Mond hat auf dem Negativ einen Durchmesser von ca. 60 mm).

Interessante Himmelsobjekte

Beobachtung von Sonne, Mond und Planeten

Diese und andere Beobachtungsobjekte (z. B. Kometen, s. unten) unseres Sonnensystems sind für den Sternfreund auch sehr reizvoll. Um sich hier über die Beobachtungsmöglichkeiten und -zeiten zu unterrichten, ist es notwendig, einen astronomischen Kalender und eine astronomische Zeitschrift zu Rate zu ziehen. Der Leser findet für beides Hinweise auf Seite 125.

Die Bewegungen dieser Objekte, z. B. Planeten, am Himmel lassen sich gut mit bloßen Augen und dem Feldstecher verfolgen. Wer Einzelheiten sehen will, muß vergrößern, und das mit Hilfe wenigstens eines kleinen Refraktors tun (»Vierzöller«, s. Seite 111). Dabei lohnen auch fotografische Versuche. Ein Beispiel ist das nebenstehende Mondfoto.

Interessant sind Sonnen- und Mondfinsternisse. Bei der Sonnenfinsternis erfolgt eine teilweise (partielle) oder vollständige (totale) Bedeckung der Sonne durch den zwischen Erde und Sonne stehenden Mond, bei der Mondfinsternis die Bedeckung des Mondes durch die zwischen Sonne und Mond stehende Erde. Über Termine informieren die astronomischen Jahrbücher (s. Seite 125).

Von den Planeten bietet Jupiter die meisten Einzelheiten. Neben den Bewegungen der 4 hellen Monde zeigt der kleine Refraktor die wichtigsten dunklen und hellen Strukturen der Jupiteratmosphäre (»Bänder« und »Zonen«). Der Planet Venus läßt

Phasen erkennen und der Planet Saturn seinen berühmten Ring. Mehr Informationen im »Taschenbuch für Planetenbeobachter« (s. Seite 124).

Die hellen Kometen Hyakutake (Frühjahr 1996) und Hale-Bopp (Frühjahr 1997; s. Foto Seite 112) haben die Aufmerksamkeit auf diese interessanten Objekte unseres Sonnensystems gelenkt. Bereits mit leistungsfähigen Ferngläsern (s. S. 13) kann man Kometen entdecken und beobachten. Anleitungen für Beobachtungen im »Taschenbuch für Kometenbeobachter« (s. S. 124). Kometen werden seit 1995 wie folgt gekennzeichnet: Beispiel Komet C/1995 O1 Hale-Bopp. Der erste Buchstabe kennzeichnet die Umlaufszeit (P = bis 200 Jahre, C = größer als 200 Jahre); es folgen das Jahr der Entdeckung, ein Großbuchstabe für den Halbmonat der Entdeckung (A = 1. Januarhälfte usw.) und eine arabische Ziffer, die die Reihenfolge der Entdeckungen im betreffenden Halbmonat angibt. Im Beispiel: O = 2. Julihälfte, 1 = erste Entdeckung.

Dieses 10zöllige Newton-Spiegelteleskop von Meade (Spiegeldurchmesser 250 mm, Brennweite 1500 mm) zählt schon zu den großen Amateurfernrohren. Der Okulareinblick befindet sich fast in Augenhöhe des Beobachters am oberen Rohrende. Ist das Rohr drehbar gelagert, kann der Beobachter den bequemsten Einblick wählen.

Beispiel für einen leistungsstarken und noch transportablen Refraktor: Vixen Superpolaris FL-102S mit 102 mm Objektivöffnung und 918 mm Brennweite. Gut geeignet auch für Astrofotografie.

111

Die Milchstraße

Das funkelnde Sternenband der Milchstraße ist für jeden Naturfreund eine faszinierende Erscheinung am Himmel. Hat sich das Auge des Beobachters erst richtig an die Dunkelheit gewöhnt (in der Regel dauert das mindestens eine halbe Stunde!), ist die Milchstraße auch ohne Fernrohr ein einprägsames Objekt. An verschiedenen Stellen in diesem Buch wird auf Zeiten guter Sichtbarkeit aufmerksam gemacht (s. Sternkarten ab Seite 38).

Die Milchstraße erscheint als Band, das den Himmel als Großkreis umspannt. Besonders schön ist das zu beobachten, wenn der Nordpol der Milchstraße im Zenit steht. Das ist Anfang April um Mitternacht in 27° nördlicher Breite (z.B. Kanarische Inseln) der Fall. Die Milchstraße ist dann entlang des ganzen Horizonts zu sehen. Entsprechendes gilt für 27° südlicher Breite (z.B. Johannesburg) Anfang Oktober um Mitternacht. Gleiche Beobachtungsmöglichkeit im folgenden Monat 2 Stunden früher.

Die Milchstraße ist das Sternsystem, dem auch unsere Sonne mit den Planeten angehört. So wie die Planeten um die Sonne kreisen, beschreiben die Sterne der Milchstraße (in der Fachsprache Galaxie) Bahnen um einen gemeinsamen Masseschwerpunkt. Rund 200 Milliarden

Unten: Komet C/1995 O1 Hale-Bopp am 8. April 1997, 22^{h}30 MESZ; aufgenommen auf Ektacolor Pro Gold 1000 mit einer Kleinbildkamera 1:1,5; belichtet 20 Sekunden.

Foto rechts: Milchstraße im Sternbild Schütze. Rechts oben im Bild der Lagunen-Nebel (M 8), s. Karte Seite 81. Links am Rand der offene Sternhaufen M 23.

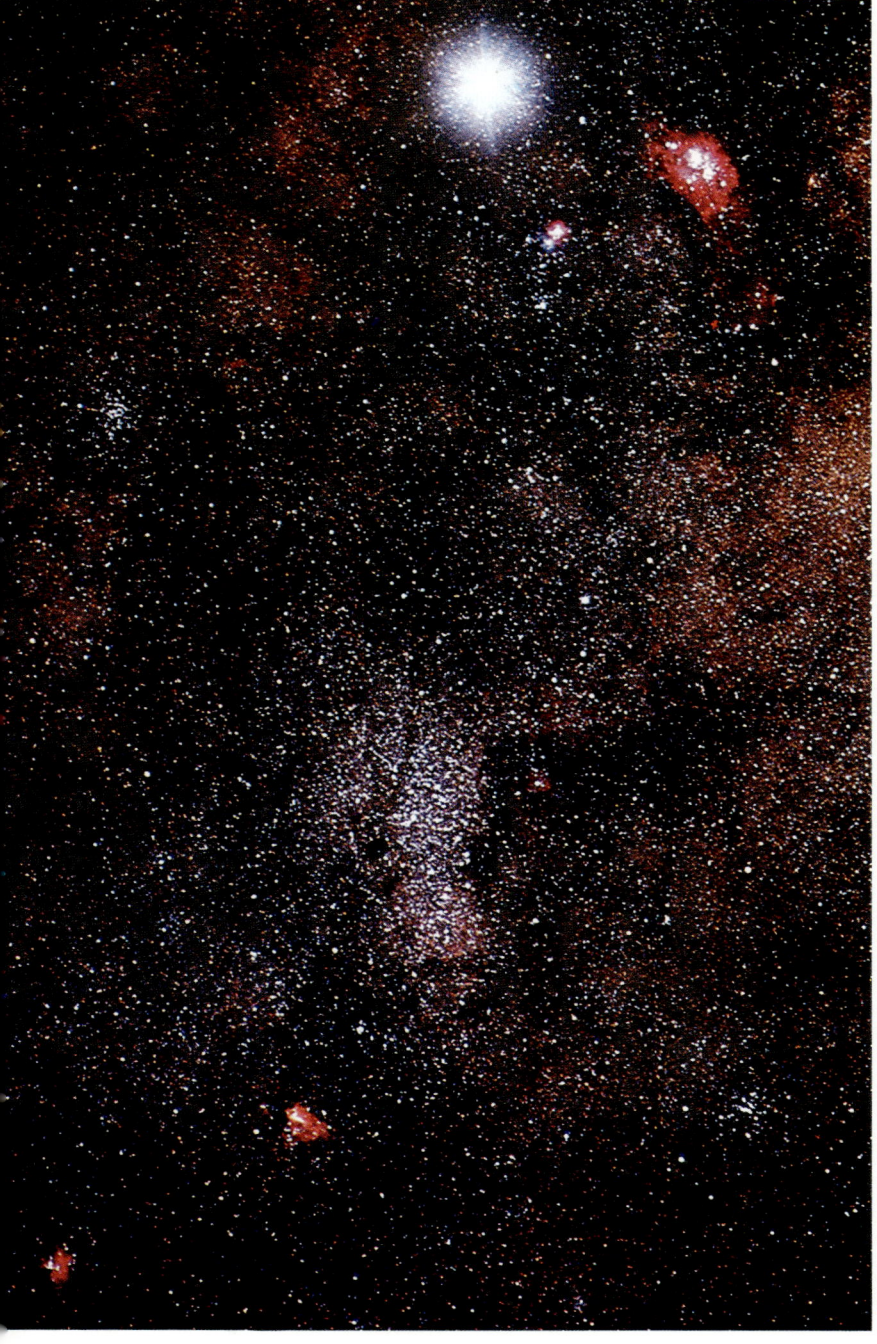

Sterne sind in unserer Galaxie vereint. Zur Milchstraße gehören nicht nur die vielen Sterne. In den Sternfeldern entdeckt der aufmerksame Beobachter schon mit Hilfe eines Feldstechers Sternhaufen, Gas- und Staubnebel und Dunkelwolken. Letztere sind Ansammlungen von Gas und Staubmaterie, die unregelmäßig angeordnet sind. Zum Teil absorbieren sie das Licht der Sterne und geben so der Milchstraße die ungleichförmige Gestalt.

Fotos Mit die strukturreichsten und hellsten Stellen der Milchstraße findet der Sternfreund im Sternbild Sagittarius (Schütze). Das Foto auf Seite 113 vermittelt einen Eindruck von der Vielfalt der Einzelheiten, die der Beobachter fast mühelos zu sehen bekommt.

Wie andere Galaxien (Milchstraßensysteme) aussehen, demonstrieren die Fotos auf Seite 122 und 123.

Beobachtungsinstrumente Die binokulare Beobachtung, also z. B. mit einem Feldstecher, macht die Milchstraßenbeobachtung besonders genußreich. Vor allem lichtstarke Feldstecher 11×80 bis 14×100 (s. Seite 13) sind sehr empfehlenswert. Die freihändige Beobachtung damit ist nicht ratsam. Der Beobachter ermüdet nicht schnell, wenn er den nicht ganz leichten Feldstecher ohne Stütze halten muß. Einfache Stative, auf die der Feldstecher geklemmt oder geschraubt wird, geben viel besser Halt.

Astronomische Fernrohre sind in den allermeisten Fällen für den monokularen Gebrauch eingerichtet. Bei der Beobachtung der Milchstraße kommt es – sieht man von der Beobachtung bestimmter Objekte (s. Seite 116) ab – nicht auf eine hohe

Vergrößerung an. Für die von Sternfreunden benützten Fernrohre zwischen 3 und 10 Zoll Öffnung sind Vergrößerungen zwischen 20- und 50fach gerade richtig. Viel Vergnügen bereiten sogenannte Weitwinkelokulare, weil das überschaubare Gesichtsfeld spürbar größer wird.

Offene Sternhaufen

An vielen Stellen am Himmel, bevorzugt im Bereich der Milchstraße, können wir offene Sternhaufen wahrnehmen. Wie nach dem Namen zu schließen ist, handelt es sich dabei um verhältnismäßig lockere Sternansammlungen. Es gibt offene Sternhaufen, die nur aus ein paar Sternen bestehen. Andere wieder zählen gleich ein paar hundert Sterne. Nicht jeder offene Sternhaufen ist für den ungeübten Beobachter gleich erkennbar. Vor allem dort, wo die Sterne schon sowieso dicht stehen, also in der Milchstraße, muß man genau hinschauen. Es ist interessant zu wissen, daß die offenen Sternhaufen im Kosmos zu den jungen Sternsystemen gehören. Jung heißt im Mittel 300 Millionen Jahre alt. Die oft beobachtete Nähe offener Sternhaufen zu Gasnebeln legt Beziehungen zur Sternentstehung nahe. Astronomen schätzen die Gesamtzahl aller offenen Sternhaufen in der Milchstraße auf rund 20 000.

Foto Das Foto oben rechts zeigt den berühmten Doppel-Sternhaufen h und χ Persei (Sternbild Perseus, s. auch bei Beobachtungshinweise auf Seite 48). Berühmt vor allem deshalb, weil diese beiden nahe beieinanderliegenden Sternhaufen »Schulbeispiele« sind. Bereits ohne optische

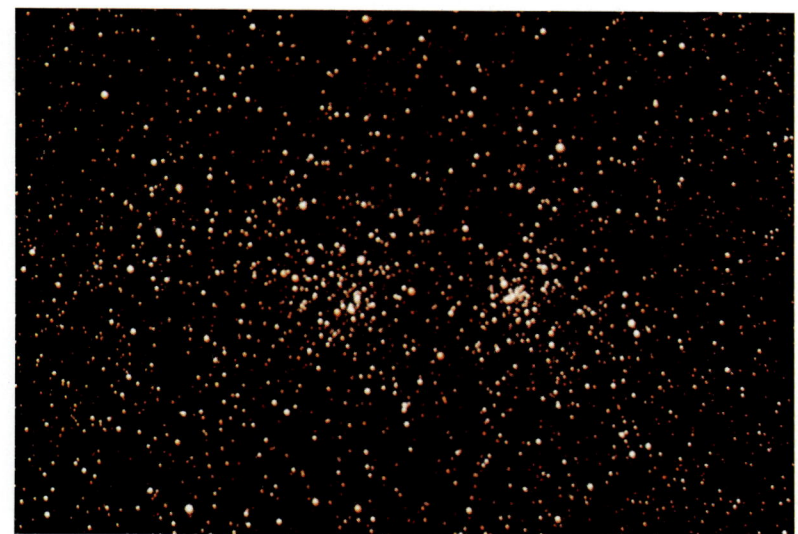

Doppel-Sternhaufen h und χ Persei.

Hilfsmittel erkennt man sie vor dem Hintergrund der Milchstraße.

Beobachtungsinstrumente Zum Auffinden offener Sternhaufen sind Feldstecher und Fernrohre mit nicht zu hoher Vergrößerung am besten geeignet. Besonders Objekte, die aus wenigen Sternen bestehen und offen angeordnet sind, nimmt der Beobachter mit geringer Vergrößerung besser wahr.

▷ Offene Sternhaufen eignen sich für astrofotografische Versuche. Voraussetzung dafür ist eine parallaktische Montierung, mit deren Hilfe der Fotoapparat der scheinbaren Bewegung der Sterne nachgeführt werden kann (s. Seite 111). Aufnahmen in der Qualität des oben abgebildeten Fotos gewinnt man z. B. schon mit einem 6zölligen Newton-Spiegelteleskop (6 Zoll = 150 mm Öffnung) und einem Öffnungs-

verhältnis zwischen 1:5 und 1:6 und einer Belichtungszeit von etwa 30 Minuten.

Schöne offene Sternhaufen sind:

Plejaden (M 45) s. Karte Seite 39,
Hyaden s. Karte Seite 39,
Praesepe (M 44) s. Karte Seite 53,
M 24 s. Karte Seite 81,
NGC 2516 s. Karte Seite 101,
NGC 5822 s. Karte Seite 79,
M 41 s. Karte Seite 63.

Kugelsternhaufen

Hier handelt es sich um Sternsysteme, die kugelsymmetrisch angeordnet sind, und in deren Mitte die Sterne sehr dicht stehen. In der Regel sind deshalb Kugelsternhaufen auch nicht so einfach zu beobachten wie die offenen Sternhaufen. Selbst mit größeren Fernrohren ist es nicht möglich, das Zentrum eines Kugelsternhaufens in Einzelsterne aufzulösen. Deshalb wissen die Astronomen auch nie ganz genau, wieviele Einzelsterne in einem Kugelsternhaufen sind. Mit Hilfe fotometrischer Messungen erlauben sich Rückschlüsse für Schätzungen. Und dabei kommt man zu ganz erstaunlichen Zahlen: 100 000 bis 5 Millionen Sterne in einem einzigen Kugelsternhaufen. Der bekannte Kugelsternhaufen M 13 im Sternbild Herkules (s. Seite 56) soll aus 500 000 Sternen bestehen. Kugelsternhaufen unterscheiden sich auch in ihrem Alter von den offenen Sternhaufen. Sie müssen in einer sehr frühen Entwicklungsphase unserer Milchstraße entstanden sein. Das Alter von Kugelsternhaufen wird auf über 10 Milliarden Jahre geschätzt.

Foto Das Foto unten zeigt den Kugelsternhaufen NGC 5139, der auch unter der Bezeichnung ω Centauri

Omega Centauri, ein kugelförmiger Sternhaufen.

(Sternbild Centaurus, s. Seite 78) bekannt ist. Dieser Kugelsternhaufen gilt als einer der ausgedehntesten am Himmel. Scheinbarer Durchmesser etwa wie der scheinbare Durchmesser des Vollmondes!

Beobachtungsinstrumente Zum Aufsuchen eines Kugelsternhaufens am Himmel verwendet der Beobachter zunächst einmal eine schwache Vergrößerung. Der Kugelsternhaufen verrät sich als »Nebelsternchen«. Einzelne Objekte zeigen bei geringer Vergrößerung auch schon Sterne am Rand. Meistens ist es aber so, daß der Sternfreund, will er wenigstens Einzelsterne in den Randzonen eines Kugelsternhaufens sehen, im nächsten Schritt zur starken Vergrößerung greifen muß (100- bis 200fach).

▷ Wer einen fotografischen Versuch wagt, sollte das mit einem Fernrohr nicht zu kurzer Brennweite tun. Empfehlenswerte Brennweiten 150 bis 200 cm (z. B. apochromatischer Refraktor 4 bis 6 Zoll, Newton 10 Zoll oder Schmidt-Cassegrain 8 Zoll). Genaue Photographieranweisung im »Handbuch der Astrofotografie« (s. Seite 124). Wichtig sind feinkörniges Filmmaterial und sehr sorgfältiges Nachführen. Bereits kleinste Fehler bei der Nachführung verwischen das Bild.

Kugelsternhaufen, die auch im kleinen Fernrohr Sterne am Rand erkennen lassen, sind u. a.:

M 4 s. Karte Seite 57,
M 13 s. Karte Seite 57,
Omega Centauri s. Karte Seite 79,
NGC 104 s. Karte Seite 107,
M 22 s. Karte Seite 93,
M 15 s. Karte Seite 95.

Galaktische Gas- und Staubnebel

Astrophysiker haben in der Mitte unseres Jahrhunderts herausbekommen, daß der Raum zwischen den Sternen unserer Galaxie nicht leer ist. Vielmehr gibt es sogenannte interstellare Materie in Form von Gas- und Staubwolken, die vor allem die Mittelebene unseres Milchstraßensystems ausfüllt. Sichtbar werden diese Gas- und Staubwolken dann, wenn ein seitlich von einer solchen Wolke befindlicher Stern diese anstrahlt (»Reflexionsnebel«) oder wenn ein außerordentlich heißer Stern das Gas zum Leuchten anregt (»Emissionsnebel«). Das Aussehen dieser Nebel ist ausgesprochen unregelmäßig (»chaotisch«). Ihre Ausdehnung im Weltraum ist ebenfalls recht verschieden. Es gibt galaktische Gasnebel, wie z. B. den Nordamerika-Nebel (s. Seite 58), die eine Ausdehnung von über 100 Lichtjahren (!) erreichen. Genauso treten Gasnebel auf, die »nur« eine Umhüllung eines Sterns darstellen.

Die interstellare Materie in Form von Gas- und Staubwolken absorbiert das Licht der hinter ihnen stehenden Sterne. Das machen auffällige Dunkelwolken in der Milchstraße recht anschaulich. Der aufmerksame Beobachter sieht immer wieder »schwarze Löcher im Himmel« mit wenigen oder gar keinen Sternen. Bekannte Beispiele sind der »Dunkelnebel Barnard« im Sternbild Aquila (Adler) nahe dem Stern γ Aquilae und am Südhimmel Dunkelwolken im Sternbild Musca (Fliege). Schon mit bloßen Augen nimmt man Dunkelwolken im Verlauf der Milchstraße wahr.

Fotos Das Foto unten zeigt den Tarantel-Nebel (NGC 2070, s. auch Seite 86), einen hellen Emissionsnebel in der Großen Magellanschen Wolke, die ein beherrschendes Sternsystem des Südhimmels ist. Die rote Färbung weist auf Wasserstoff-Strahlung hin.

Das Foto rechts oben stellt den Rosetta-Nebel (NGC 2237–39) im Sternbild Monoceros (Einhorn) dar. Auch er ist ein Emissionsnebel, in dessen südlichen Teil der offene Sternhaufen NGC 2244 eingelagert ist. Nach Ansicht der Wissenschaftler haben wir es mit einem Gebiet zu tun, in dem Sterne geboren werden.

Das Foto rechts unten zeigt den Orion-Nebel (M 42), aufgenommen mit einer Plaubel Makina 67 auf Ektachrome 400. Belichtungszeit 10 Minuten. Leitfernrohr Zeiss-Telemator 63/840.

Beobachtungsinstrumente Die farbigen Fotos galaktischer Gasnebel vermitteln leicht den falschen Eindruck, wenn der Beobachter darangeht, diese Objekte mit seinem Fernrohr aufzusuchen. Die visuelle Beobachtung bringt auf jeden Fall keine Farben. Die helleren Objekte sind trotzdem im Fernrohr sehr starke Erscheinungen, vor allem bei Beobachtung in wirklich dunklen Näch-

Der Emissionsnebel NGC 2070, auch als Tarantel-Nebel bekannt.

Rosetta-Nebel im Sternbild Monoceros (Einhorn).

ten bei völliger Dunkelanpassung
der Augen. Beispiel ist der Orion-Nebel unterhalb der 3 Gürtelsterne des
Sternbilds Orion (s. Seite 50). Hier
lohnt sich der Einsatz eines 4- bis
8zölligen Fernrohrs (100 mm bis
200 mm Öffnung) und Vergrößerungen zwischen 50- und 70fach (möglichst mit Weitwinkel-Okularen). Bei
Gasnebeln spielt die Öffnung des
Fernrohrs schon eine besondere
Rolle. Der Verfasser hat z.B. den
Orion-Nebel (M42) mit dem Kos-
mos-Fernrohr SCL 200 (= 200 mm
Öffnung) und 35-mm-Weitwinkel-
Okular (= 69fache Vergrößerung)
beobachtet. Der Eindruck ist über-
wältigend!

Orion-Nebel, aufgenommen mit einer
6 × 7 Kamera.

Helle galaktische Gasnebel sind u. a.:

Orion-Nebel (M 42)
s. Karte Seite 51,
Tarantel-Nebel (NGC 2070)
s. Karte Seite 87,
Lagunen-Nebel (M 8)
s. Karte Seite 81,
Trifid-Nebel (M 20)
s. Karte Seite 81
(in unmittelbarer Nähe
zum Lagunen-Nebel).

Planetarische Nebel

Sie verdanken ihre Bezeichnung ihrem kreis- oder ringförmigen Aussehen. Sie erscheinen im Fernrohr, vor

Planetarischer Nebel NGC 6826 im Sternbild Cygnus (Schwan).

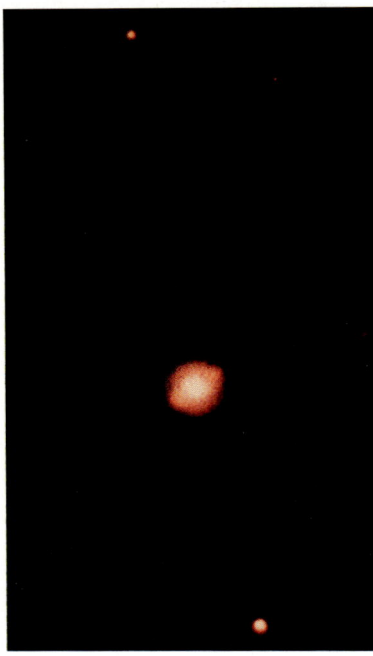

allem in kleineren und bei schwacher Vergrößerung, wie »Planeten« als scharf begrenzte Scheibchen. Dabei haben sie mit den Planeten überhaupt nichts zu tun. Vielmehr sind es kugelförmige Gashüllen, die einen heißen Stern umschließen. Im Vergleich zu den »chaotischen« Gasnebeln sind sie verhältnismäßig symmetrisch. Man nimmt an, daß die Gashülle der Rest eines Nova-Ausbruchs ist, bei dem der Stern äußere Schichten seiner Atmosphäre abgestoßen hat (Nova = neuer Stern). Planetarische Nebel erreichen scheinbare Durchmesser bis zu 15 Bogenminuten. Das Leuchten der Gashülle wird durch die Ultraviolettstrahlung des Zentralsterns ausgelöst.

Fotos Das Foto links unten zeigt den planetarischen Nebel NGC 6826 im Sternbild Cygnus (Schwan). An diesem Beispiel kann man erkennen, wie viele planetarische Nebel im kleinen Fernrohr bei schwacher Vergrößerung aussehen.

Das Foto rechts oben stellt den Sonnenblumen-Nebel genannten planetarischen Nebel NGC 7293 im Sternbild Aquarius (Wassermann) dar. Dieser Nebel hat den bemerkenswerten scheinbaren Durchmesser von 15 Bogenminuten, das entspricht dem halben scheinbaren Durchmesser des Vollmondes. Trotzdem ist das Objekt am Himmel nicht besonders auffällig.

Beobachtungsinstrumente Planetarische Nebel gehören zu den schwierigen Beobachtungsobjekten. Im Feldstecher erscheinen sie meist sehr sternähnlich. Es bedarf also eines Fernrohrs mit stärkerer Vergrößerung, um etwas von der typischen Struktur eines planetarischen Nebels

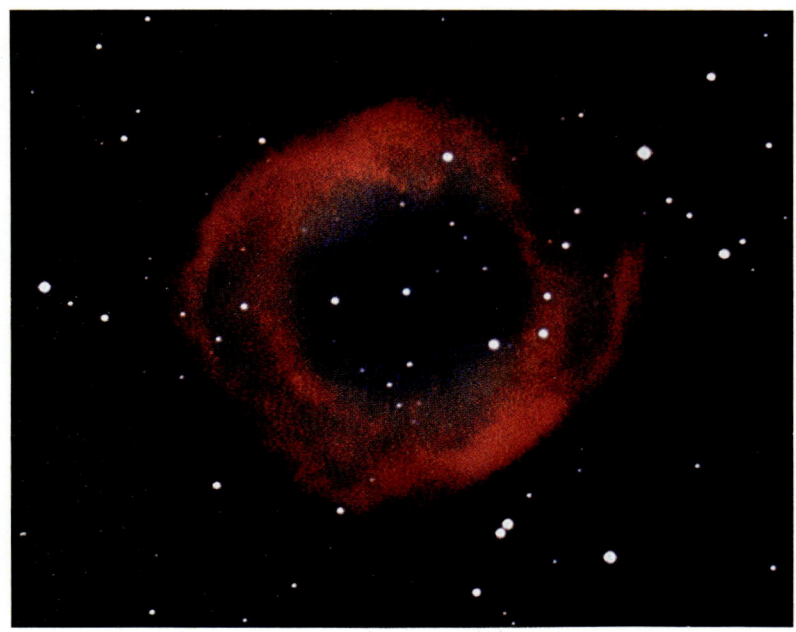

Sonnenblumen-Nebel im Sternbild Aquarius (Wassermann).

zu erkennen, also in erster Linie den »Ring« der Gashülle und den Zentralstern. Fernrohre mit 200 mm Öffnung und Vergrößerungen zwischen 100- und 200fach versprechen bei den helleren planetarischen Nebeln einigen Erfolg. Liegt die Optik wesentlich darunter, muß sich der Beobachter mit dem Eindruck eines »fahlen Scheibchens« begnügen. Wie übrigens bei anderen Nebelobjekten auch, bringt erst die Fotografie die Struktur des Nebels zum Vorschein. Aber für Aufnahmen von planetarischen Nebeln ist der optische Aufwand recht groß.

Karten zum Aufsuchen der bekannteren Objekte findet der interessierte Leser im BLV Buch »Sterne und Planeten erkennen und beobachten«.

Extragalaktische Nebel

Astronomen bezeichnen damit alle Himmelsobjekte außerhalb unseres Milchstraßensystems, unserer Galaxie. Hauptsächlich sind damit dann andere Galaxien (Milchstraßensysteme) gemeint. Die Erforschung extragalaktischer Nebel oder, wie sie auch wegen einer typischen Form genannt werden, Spiralnebel bekam in der ersten Hälfte unseres Jahrhunderts großen Auftrieb. Damals gelang Edward Hubble die Auflösung der Randpartien des berühmten Andromeda-Nebels (s. Foto Seite 122) in Einzelsterne (1926) und Walter Baade 18 Jahre später auch die Auflösung des Kerns in einzelne Sterne. Die Forschung zeigte verhältnismäßig schnell, daß die sogenannten

Andromeda-Nebel. Der kleine Refraktor zeigt visuell nur den Kern ohne Details.

Foto rechts: Am Südhimmel ein faszinierendes Objekt: die Große Magellansche Wolke, am Himmel in nur etwa 20° Abstand von der Kleinen Magellanschen Wolke. Die Große Magellansche Wolke ist von uns 180 000 Lichtjahre entfernt. Der auf Seite 118 groß abgebildete Tarantel-Nebel erscheint recht auffällig unten im Bild.

Spiralnebel eigenständige Sternsysteme sind.

Fotos Das Foto rechts zeigt die Große Magellansche Wolke, am Südhimmel ein faszinierendes Beobachtungsobjekt (s. Seite 86). Dieses extragalaktische System (ebenso wie die Kleine Magellansche Wolke) ist wegen seiner Nähe zu unserer Galaxie so interessant. Die von der Milchstraße her bekannten Objekte hat man auch dort beobachtet: veränderliche Sterne, offene und kugelförmige Sternhaufen, planetarische Nebel, Gasnebel, Dunkelwolken.

Das Foto unten zeigt eine typische Spiralgalaxie (M 51). Das Sternsystem wurde schon im Jahr 1773 entdeckt. Die Rotationsachse zeigt in unsere Richtung, und wir sehen das Bild des typischen Spiralnebels.

Galaxie M 51 mit deutlicher »Spirale«.

Auch der berühmte Andromeda-Nebel, der auf dem Foto Seite 122 oben abgebildet ist, ist das Musterbeispiel für eine »normale Spiralgalaxie«.

Beobachtungsinstrumente Visuelle Beobachtungen extragalaktischer Nebel verlaufen zunächst etwas enttäuschend. Wohl findet man in einer dunklen Nacht mit Hilfe eines lichtstarken Feldstechers oder Fernrohrs das eine oder andere Objekt. Aber der Beobachter muß sich mit einem verwaschenen Fleckchen am Himmel zufriedengeben. Selbst der Andromeda-Nebel bietet dazu nur noch die ausgeprägte längliche Form. Für »deep-sky-Beobachtungen« eignen sich nur mondscheinlose Nächte! Wer Glück hat, sieht bei einem Objekt wie M 51 etwas von den Spiralarmen angedeutet. Einzige Ausnahme: die beiden Magellanschen Wolken. Aber dafür muß der Beobachter erst einmal nach Afrika oder Südamerika reisen. Etwas bessere Ergebnisse erzielt man beim Arbeiten mit fotografischer Ausrüstung. Am Objekt Andromeda-Nebel sind Versuche bereits mit der Kleinbildkamera erfolgversprechend.

Einige hellere Galaxien:

Andromeda-Nebel (M 31)
s. Karte Seite 61,
Triangulum-Nebel (M 33)
s. Karte Seite 61,
Kleine Magellansche Wolke
s. Karte Seite 95,
Große Magellansche Wolke
s. Karte Seite 87.

Literatur für Sternfreunde und Adressen

Krautter, J., E. Sedlmayr, K. Schaifers und G. Traving: Meyers Handbuch Weltall. Meyers Lexikonverlag Mannheim, Leipzig, Wien, Zürich 1994.

Anleitungen für Beobachtungen

Kammerer, A. und M. Kretlow (Herausgeber): Taschenbuch für Kometenbeobachter. Sterne und Weltraum Verlag, München 1998. Reihe Astro-Praxis.

Koch, B. (Herausgeber): Handbuch der Astrofotografie. Springer-Verlag Berlin, Heidelberg, New York 1995.

Roth, G. D. (Herausgeber): Handbuch für Sternfreunde – Wegweiser für die praktische astronomische Arbeit. 2 Bände. Springer-Verlag, Berlin, Heidelberg, New York 1989.

Roth, G. D.: Sterne und Planeten erkennen und beobachten. BLV Verlagsgesellschaft, München, Wien, Zürich 1997.

Roth, G. D. (Herausgeber): Taschenbuch für Planetenbeobachter. Sterne und Weltraum Verlag, München 1998. Reihe Astro-Praxis.

Vehrenberg, H.: Mein Messier-Buch. Treugesell-Verlag, Düsseldorf 1966.

Vehrenberg, H. und D. Blank: Handbuch der Sternbilder. Treugesell-Verlag, Düsseldorf 1981.

Zimmermann, O.: Astronomisches Praktikum I und II für Arbeitsgemeinschaften und zum Selbstun-

terricht. Verlag Sterne und Weltraum, München 1995.
Erschienen als Band 8 und 9 der Reihe »Sterne-und-Weltraum-Taschenbücher«.

Fernrohre und Montierungen

Brandt, R., B. Müller und E. Splittgerber: Himmelsbeobachtungen mit dem Fernglas. Eine Einführung für Sternfreunde. Verlag Harri Deutsch, Thun, Frankfurt/Main 1984.

Laux, U.: Astrooptik. Verlag Sterne und Weltraum, München 1993.
Erschienen als Band 11 der Reihe »Sterne-und-Weltraum-Taschenbücher«.

Oberndorfer, H.: Fernrohr-Selbstbau. Verlag Sterne und Weltraum, München 1992.
Erschienen als Band 1 der Reihe »Sterne-und-Weltraum-Taschenbücher«.

Wenske, K.: Spiegeloptik. Verlag Sterne und Weltraum, München 1985.
Erschienen als Band 7 der Reihe »Sterne-und-Weltraum-Taschenbücher«.

Astronomiegeschichte

Becker, F.: Geschichte der Astronomie. Bibliographisches Institut, Mannheim 1980.

Roth, G. D.: Kosmos-Astronomiegeschichte. Astronomen, Instrumente, Entdeckungen. Franckh'sche Verlagshandlung, Stuttgart 1987.

Zeitschriften

»Sterne und Weltraum«, Zeitschrift für Astronomie mit Nachrichten der Vereinigung der Sternfreunde e. V., im Verlag Sterne und Weltraum Dr. Vehrenberg GmbH, D-81545 München, Portiastraße 10 (monatlich).

»Die Sterne«, Zeitschrift für alle Gebiete der Himmelskunde. Seit 1997 vereinigt mit »Sterne und Weltraum«.

»Der Sternenbote«, Österreichische Astronomische Monatszeitschrift, Astronomisches Büro, H. Mucke, Hasenwartgasse 32, A-1238 Wien (monatlich).

»Orion«, Zeitschrift der Schweizerischen Astronomischen Gesellschaft, Zentralsekretariat: Sue Kernen, Gristenbühl 13, CH-9315 Neukirch (6 Hefte pro Jahr).

Astronomische Jahrbücher für Sternfreunde

Ahnerts Kalender für Sternfreunde – Kleines astronomisches Jahrbuch, im Verlag Johann Ambrosius Barth, Leipzig, Berlin, Heidelberg.

Hügli, E., H. Roth und K. Städeli: Der Sternenhimmel – Astronomisches Jahrbuch für Sternfreunde, Birkhäuser Verlag, Basel, Berlin.

Keller, H.-U.: Das Himmelsjahr. Die astronomische Jahresvorschau. Franckh-Kosmos Verlags-GmbH & Co., Stuttgart.

Luthardt, R.: Sonneberger Jahrbuch für Sternfreunde. Verlag Harri Deutsch, Frankfurt/Main, Thun.

Anschriften von Organisationen zur Förderung und Pflege der volkstümlichen Himmelskunde

Sekretariat der »Vereinigung der Sternfreunde«, H. Plötz, Jagdfeldring 31, D-85540 Haar.

Zentralsekretariat der »Schweizerischen Astronomischen Gesellschaft«, Sue Kernen, Gristenbühl 13, CH-9315 Neukirch.

Astronomisches Büro, Hermann Mucke, Hasenwartgasse 32, A-1238 Wien.

Register

Begegnung mit fremden Welten

Nicholas Booth
Die Erforschung unseres Sonnensystems
Atemberaubende Bilder aus dem Weltall
Die faszinierende Begegnung mit fremden Welten: eine Entdeckungsreise durch unser Sonnensystem mit spektakulären Farbfotos, aktuellen Forschungsergebnissen und interessanten astronomischen Erkenntnissen.

Piers Bizony
Raumstation Alpha
Eine Vision wird Wirklichkeit
Rechtzeitig zum Start im Herbst '97: die aktuelle Dokumentation über Entstehungsgeschichte und Durchführung des Projektes mit allen Details, faszinierenden Fotos und Computeranimationen.

Günter D. Roth
Sterne und Planeten
erkennen und beobachten
Die kosmische Landschaft entdecken: der gesamte mit freiem Auge sichtbare nördliche und südliche Sternenhimmel mit Sternbildern, historischen und astronomischen Details, Einzelobjekten für Feldstecher und Fernrohr – mit Beobachtungshinweisen.